胶州湾主要污染物及其生态过程丛书

胶州湾铜的分布及迁移过程

杨东方 陈 豫 著

科学出版社

北京

内 容 简 介

本书从时空变化来研究铜（Cu）在胶州湾水域的分布迁移过程。在空间尺度上，通过每年含量数据分析，从含量的大小、水平分布、垂直分布、区域分布、结构分布角度，揭示 Cu 的空间迁移规律。在时间尺度上，通过五年的数据探讨，揭示其迁移过程和变化趋势。书中还通过比较分析同类物质在水体中的分布迁移过程研究，提出物质含量均匀性理论、环境动态理论、水平损失量理论、水域垂直迁移理论和水域迁移趋势理论等。这些过程、规律和理论不仅为研究 Cu 在水体中的迁移提供了理论依据，也为其他物质在水体中的分布和迁移研究提供了启迪。

本书适合海洋地质学、物理海洋学、环境学、化学、生物地球化学、海湾生态学和河口生态学的有关科学工作者参考，适合高等院校相关专业师生作为参考资料。

图书在版编目（CIP）数据

胶州湾铜的分布及迁移过程/杨东方，陈豫著.—北京：科学出版社，2017.11
（胶洲湾主要污染物及其生态过程丛书）
ISBN 978-7-03-055057-6

Ⅰ.①胶… Ⅱ.①杨… ②陈… Ⅲ.①黄海–海湾–铜–重有色金属–污染–研究 Ⅳ.①X55

中国版本图书馆 CIP 数据核字(2017)第 266818 号

责任编辑：马　俊 / 责任校对：郑金红
责任印制：张　伟 / 封面设计：刘新新

科 学 出 版 社 出版
北京东黄城根北街 16 号
邮政编码：100717
http://www.sciencep.com

北京京华虎彩印刷有限公司 印刷
科学出版社发行　各地新华书店经销
*

2018 年 3 月第 一 版　　开本：720×1000 B5
2018 年 3 月第一次印刷　　印张：13 1/4
字数：265 000
定价：**108.00 元**
(如有印装质量问题，我社负责调换)

在胶州湾水域，铜有两个来源：地表径流的输入和外海海流的输入。地表径流输入的铜含量为 2.22～3.56μg/L；外海海流输入的铜含量为 0.15～5.31μg/L。外海海流输送的铜含量比地表径流输送的铜含量高。在胶州湾水域水质受到铜的轻微污染，这来源于外海海流的输入。

杨东方

摘自 *Research on the sources of Cu in Jiaozhou Bay.*
Advanced Materials Research, 2015, 1092-1093: 1013-1016.

4 月和 10 月，来自外海海流输送的 Cu 含量都为 0.39μg/L。这表明外海海流输送的 Cu 来自不同的月份，时间相差几乎是半年，可是来自外海海流输送的 Cu 含量却是一致的。这表明在海洋水体中的 Cu 含量并不随着时间在变化，海洋水体中的 Cu 含量的基础本底值是 0.39μg/L。

杨东方

摘自 *Background level of Cu in Jiaozhou Bay and open sea.*
Advances in Engineering Research, 2016, 84: 852-856.

作 者 简 介

杨东方　1984 年毕业于延安大学数学系（学士），1989 年毕业于大连理工大学应用数学研究所（硕士）。研究方向：Lenard 方程唯 n 极限环的充分条件、微分方程在经济管理生物方面的应用。

1999 年毕业于中国科学院青岛海洋研究所（博士），研究方向：营养盐硅、光和水温对浮游植物生长的影响，专业为海洋生物学和生态学；同年在青岛海洋大学，化学化工学院和环境科学与工程研究院做博士后研究工作。研究方向：胶州湾浮游植物的生长过程的定量化初步研究。2001 年出站后到上海水产大学工作，主要从事海洋生态学、生物学和数学等学科教学以及海洋生态学和生物地球化学领域的研究。2001 年被国家海洋局北海分局监测中心聘为教授级高级工程师，2002 年被青岛海洋局一所聘为研究员。

2004 年 6 月被核心期刊《海洋科学》聘为编委。2005 年 7 月被核心期刊《海岸工程》聘为编委。2006 年 2 月被核心期刊《山地学报》聘为编委。2006 年 11 月被温州医学院聘为教授。2007 年 11 月被中国科学院生态环境研究中心聘为研究员。2008 年 4 月被浙江海洋学院聘为教授。2009 年 8 月被中国地理学会聘为环境变化专业委员会委员。2009 年 11 月，《中国期刊高被引指数》总结了 2008 年度学科高被引作者：海洋学(总被引频次/被引文章数)　杨东方(12/5)（www.ebiotrade.com）。2010 年，山东卫视台对《胶州湾浮游植物的生态变化过程与地球生态系统的补充机制》和《海湾生态学》给予了书评（新书天天荐，齐鲁网视频中心）。2010 年获得浙江省高等学校科研成果奖三等奖（第 1 名），成果名"浮游植物的生态与地球生态系统的机制"。2011 年 12 月，被核心期刊《林业世界》聘为编委。2011 年 12 月，被新成立的浙江海洋学院生物地球化学研究所聘为该所所长。2012 年 11 月，被国家海洋局闽东海洋环境监测中心站聘为项目办主任。2013 年 3 月，被陕西理工学院聘为汉江学者。2013 年 11 月，被贵州民族大学聘为教授。2014 年 10 月，被中国海洋学会聘为军事海洋学专业委员会委员。2015 年 11 月，被陕西国际商贸学院聘为教授。2016 年 8 月，被西京学院聘为教授。曾参加了国际 GLOBEC（全球海洋生态系统研究）研究计划中由十八个国家和地区联合进行的南海考察（海上历时三个月），以及国际 LOICZ（沿岸带陆海相互作用研究）研究计划中在黄海东海的考察及国际JGOFS（全球海洋通量联合研究）研究计划中在黄海东海的考察。多次参加了青岛胶州湾，烟台近海的海上调查及获取数据工作。参加了胶州湾等水域的生态系统动态过程和持续发展等课题的研究。

发表第一作者的论文266篇，第一作者的专著和编著67部，授权第一作者的专利17项；其他名次论文48篇。2017年1月27日，第一作者的论文58篇，一共被引用次数：950次。目前，正在进行西南喀斯特地区、胶州湾、浮山湾和长江口及浙江近岸水域的生态、环境、经济、生物地球化学过程的研究。

作者发表的本书主要相关文章

[1] Yang Dongfang, Miao Zhenqing, Song Wenpeng, et al. Research on the sources of Cu in Jiaozhou Bay. Advanced Materials Research, 2015, 1092-1093: 1013-1016.

[2] Yang Dongfang, Miao Zhenqing, Cui Wenlin, et al. Input and transfer processes of Cu in bay waters. Advances in Intelligent Systems Research, 2015: 17-20.

[3] Yang Dongfang, Wang Fengyou, Zhu Sixi, et al. A research on the vertical transfer process of Cu in Jiaozhou Bay. Advances in Engineering Research, 2015, 31: 1284-1287.

[4] Yang Dongfang, Zhu Sixi, Wu Yunjie, et al. Aggregation, divergence and homogeneity of Cu in Marine bay bottom waters. Advances in Engineering Research, 2015, 31: 1288-1291.

[5] Yang Dongfang, Wang Fengyou, Zhu Sixi, et al. Environmental conditions of Jiaozhou Bay in 1980. Materials Engineering and Information Technology Apllication, 2015: 554-557.

[6] Yang Dongfang, Zhu Sixi, Zhao Xiaoli, et al. Environmental conditions of Jiaozhou Bay, 1981. Advances in Engineering Research, 2015, 40: 770-775.

[7] Yang Dongfang, Zhu Sixi, Wang Fengyou, et al. The impact of marine current to Cu contents in Jiaozhou Bay. Advances in Computer Science Research, 2015: 1765-1769.

[8] Yang Dongfang, Zhu Sixi, Wang Fengyou, et al. The good water quality on Cu in Jiaozhou Bay waters. Advances in Engineering Research, 2016, 60: 408-411.

[9] Yang Dongfang, Zhu Sixi, Wang Ming, et al. Different sources and high sedimentation rate regions of Cu in Jiaozhou Bay. Advances in Engineering Research, 2016, 67: 1311-1314.

[10] Yang Dongfang, Yang Danfeng, Wang Ming, et al. Sedimentation process and high sedimentation rate position of Cu in Jiaozhou Bay. Advances in Engineering Research, 2016, Part G: 1917-1920.

[11] Yang Dongfang, Yang Danfeng, He Huazhong, et al. Background level of Cu in Jiaozhou Bay and open sea. Advances in Engineering Research, 2016, 84: 852-856.

[12] Yang Dongfang, He Huazhong, Wang Fengyou, et al. High Cu sedimentation locations in Jiaozhou Bay. Advances in Materials Science, Energy Technology and Environmental Engineering, 2017: 291-294.

[13] Yang Dongfang, Zhu Sixi, Yang Danfeng, et al. Vertical distribution of Cu in waters in the bay mouth of Jiaozhou Bay. Computer Life, 2016, 4(6): 579-584.

[14] Yang Dongfang, Yang Danfeng, Tao Xiuzhen, et al. Natural background value of Cu in Jiaozhou Bay. World Scientific Research Journal, 2016, 2(2): 69-73.

前　言

随着工农业的发展，重金属铜(Cu)在许多领域都得到广泛应用。铜的种类主要有红铜、黄铜、白铜、青铜。红铜具有很好的导电性和导热性，塑性极好，易于热压和冷压的加工，大量用于制造电线、电缆、电刷、电火花专用电蚀铜等要求导电性良好的产品。黄铜具有美观的黄色，常用来制作弹壳。白铜的特点是机械性能和耐蚀性好，色泽美观，广泛用于制造精密机械、化工机械和船舶构件。青铜具有各种各样的应用，如锡青铜的铸造性能、减摩性能和机械性能好，适合于制造轴承、蜗轮、齿轮等；铅青铜是现代发动机和磨床广泛使用的轴承材料；铝青铜强度高，耐磨性和耐蚀性好，用于铸造高载荷的齿轮、轴套、船用螺旋桨等。铜产品已遍及到工业、农业、国防、交通运输和人们日常生活的各个领域中，在日常生活中处处都离不开铜的产品。

人们在生产和冶炼含铜产品的过程中，向陆地和海洋大量排放，使得土壤、地表、河流等地方都有 Cu 的残留。Cu 以各种不同的化学产品和污染物形式存在。地面水和地下水都将 Cu 的残留汇集到河流中，最后迁移到海洋水体中。

在自然界中，Cu 是一种存在于地壳和海洋中的金属。Cu 在地壳中的含量约为 0.01%，在个别铜矿中，Cu 含量可以达到 3%～5%。自然界中的 Cu，多数存在于铜矿石中，铜矿有三种形式：自然矿、硫化矿、氧化矿。铜矿石经过风的侵蚀和水的冲刷，Cu 就被带到了海洋水体中。

Cu 经过陆地迁移过程和水域迁移过程进入海洋。Cu 绝大部分经过重力沉降、生物沉降、化学作用等迅速由水相转入固相，最终转入沉积物中。从春季 5 月开始，海洋生物大量繁殖，数量迅速增加，到夏季 8 月，形成了高峰值，且由于浮游生物的繁殖活动，悬浮颗粒物表面形成胶体，此时的吸附力最强，吸附了大量的 Cu，大量的 Cu 随着悬浮颗粒物迅速沉降到海底。这样，在春季、夏季和秋季，Cu 输入到海洋，颗粒物质和生物体将 Cu 从表层带到底层。因此，Cu 由外海海流的输送、河流的输送、近岸岛尖端的输送、大气沉降的输送、地表径流的输送和船舶码头的输送，进入海洋水体，并在水体效应的作用下，最终进入海底的沉积物中。

随着各国的经济迅猛发展，铜锌矿的开采和冶炼、金属加工、机械制造、钢铁生产和电镀工业等行业在蒸蒸日上。在这个过程中，造成了 Cu 在工业废水中存在，也在人类经常使用的产品中存在。Cu 是生命所必需的微量元素，但过量的

Cu 对人、其他动物和植物都有害。铜在土壤和农作物中累积，会造成农作物，尤其是水稻和大麦生长不良，污染粮食籽粒。铜对水生生物的毒性很大，在海岸和港湾曾发生 Cu 污染引起牡蛎肉被污染变绿的事件。

Cu 是我们日常生活中不可缺失的重要元素，由于长期的大量使用，又因为 Cu 化合物化学性质稳定，不易分解，长期残留于环境中，这对环境和人类健康产生持久性的毒害作用。因此，研究水体中 Cu 的迁移规律，对了解 Cu 对环境造成持久性的污染有着非常重要的意义。本书揭示了 Cu 在水体中的迁移规律、迁移过程和变化趋势及形成的理论，为其他同类物质的研究提供了一定的理论借鉴，也为消除 Cu 等在环境中的残留以及治理 Cu 等各种物质的环境污染提供了理论参考。

本书获得了西京学院学术著作出版基金、贵州民族大学博点建设文库、"喀斯特湿地生态监测研究重点实验室"项目（黔教合 KY 字[2012]003 号）、贵州民族大学引进人才科研项目（[2014]02）、土地利用和气候变化对乌江径流的影响研究（黔教合 KY 字[2014] 266 号）、威宁草海浮游植物功能群与环境因子关系（黔科合 LH 字[2014] 7376 号）、"铬胁迫下人工湿地植物多样性对生态系统功能的影响机制研究"（国家自然科学基金项目 31560107）及国家海洋局北海环境监测中心主任科研基金——长江口、胶州湾、浮山湾及其附近海域的生态变化过程（05EMC16）的共同资助。

杨东方

2017 年 8 月 7 日

目　　录

第1章　胶州湾水域铜的水平分布和来源变化

1.1　背　　景

1.1.1　胶州湾自然环境

胶州湾位于山东半岛南部，其地理位置为东经 120°04′～120°23′，北纬 35°58′～36°18′，以团岛与薛家岛连线为界，与黄海相通，面积约为 446km²，平均水深约 7m，是一个典型的半封闭型海湾。胶州湾入海的河流有十几条，其中径流量和含沙量较大的为大沽河和洋河，青岛市区的海泊河、李村河和娄山河等河流，这些河流均属季节性河流，河水水文特征有明显的季节性变化[1~5]。

1.1.2　数据来源与方法

本研究所使用的 1982 年 4 月、6 月、7 月和 10 月胶州湾水体铜的调查资料由国家海洋局北海监测中心提供。4 月、7 月和 10 月，在胶州湾水域设 5 个站位取水样：083、084、121、122、123；6 月，在胶州湾水域设 4 个站位取水样：H37、H39、H40、H41（图 1-1）。分别于 1982 年 4 月、6 月、7 月和 10 月 4 次进行取

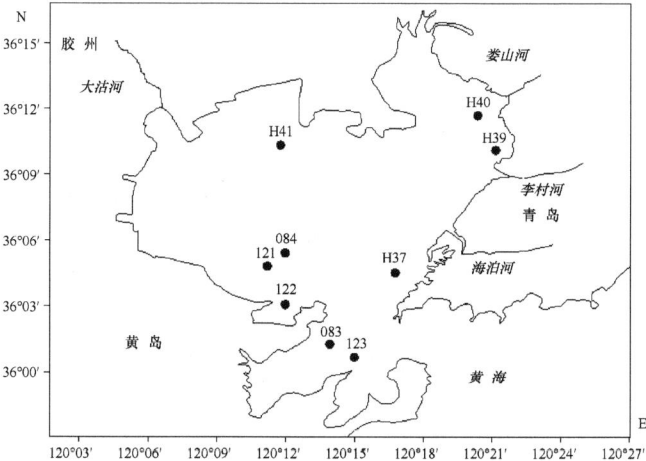

图 1-1　胶州湾调查站位

样，根据水深取水样（＞10m 时取表层和底层，＜10m 时只取表层）进行调查。按照国家标准方法进行胶州湾水体铜的调查，该方法被收录在国家的《海洋监测规范》（1991 年）中[6]。

1.2　水　平　分　布

1.2.1　含　量　大　小

7 月和 10 月，胶州湾西南沿岸水域铜含量范围为 0.15～3.56μg/L，没有超过国家一类海水的水质标准（5.00μg/L）。6 月，胶州湾东部和北部沿岸水域铜含量范围为 0.86～5.31μg/L，没有超过国家二类海水的水质标准（10.00μg/L）。6 月、7 月和 10 月，铜在胶州湾水体中的含量范围为 0.15～5.31μg/L，都没有超过国家二类海水的水质标准。这表明 6 月、7 月和 10 月胶州湾表层水质，在整个水域符合国家二类海水的水质标准（表 1-1）。虽然铜含量在胶州湾水域有超过 5.00μg/L的现象，但远远小于 10.00μg/L，说明在铜含量方面，在胶州湾整个水域，受到轻微污染。

表 1-1　6 月、7 月和 10 月的胶州湾表层水质

项目	6 月	7 月	10 月
海水中铜含量/（μg/L）	0.86～5.31	0.15～2.33	2.22～3.56
国家海水水质标准	一类、二类海水	一类海水	一类海水

1.2.2　表层水平分布

7 月和 10 月，在胶州湾水域设 5 个站位：083、084、121、122、123，这些站位在胶州湾西南沿岸水域（图 1-1）。7 月，在西南沿岸水域 083 站位，铜含量相对较高，以湾口站位 083 为中心形成了铜的高含量区，形成了一系列不同梯度的平行线。铜含量从中心的高含量 2.33μg/L 向湾内水域沿梯度递减（图 1-2）。10 月，在西南沿岸水域 121 站位，铜含量相对较高，以 121 站位为中心形成了铜的高含量区，形成了一系列不同梯度的平行线。铜含量从中心的高含量 3.56μg/L 向湾中心水域沿梯度递减到 2.22μg/L（图 1-3）。

6 月，在胶州湾水域设 4 个站位：H37、H39、H40、H41，这些站位在胶州湾东部和北部沿岸水域（图 1-1）。在湾口水域 H37 站位，铜的含量达到最高，为5.31μg/L。表层铜含量的等值线（图 1-4）展示以湾口水域为中心，形成了一系列不同梯度的平行线。铜含量从中心的高含量沿梯度下降，铜的含量值从湾西南

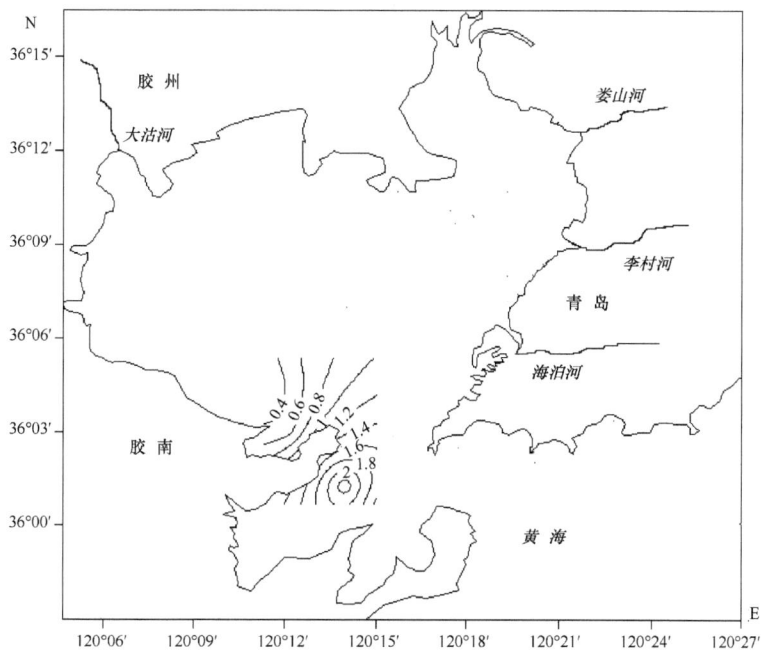

图 1-2　7 月表层铜分布（μg/L）

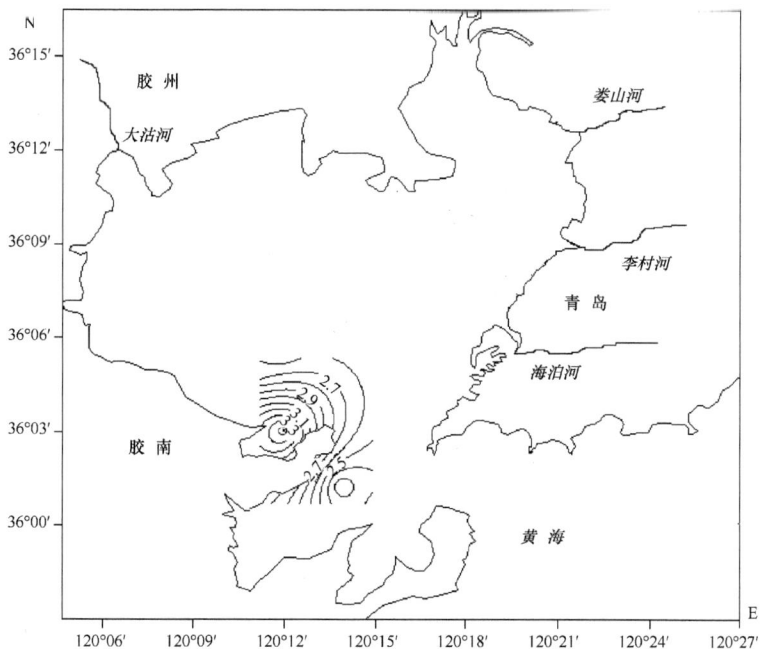

图 1-3　10 月表层铜分布（μg/L）

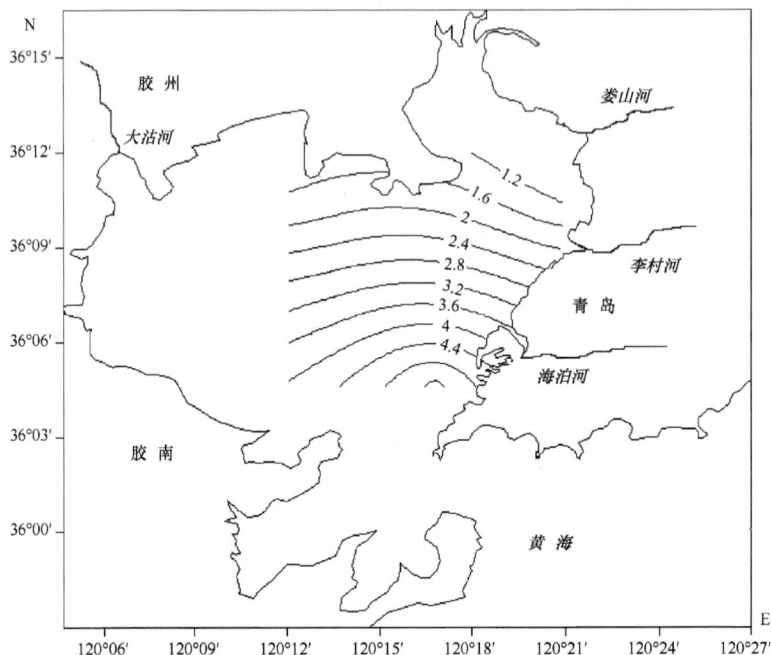

图 1-4　6 月表层铜分布（μg/L）

湾口的 5.31μg/L 沿湾底东北部降低，这说明在胶州湾水体中从外海域通过湾口，沿着从湾外到湾内的海流方向，铜含量在不断地递减（图 1-4）。

1.3　来源变化过程

1.3.1　水　　质

7 月和 10 月，胶州湾西南沿岸水域铜含量范围为 0.15～3.56μg/L，都符合国家一类海水的水质标准（5.00μg/L）。6 月，胶州湾东部和北部沿岸水域铜含量范围为 0.86～5.31μg/L，没有超过国家二类海水的水质标准（10.00μg/L）。这表明在铜含量方面，胶州湾西南沿岸水域比胶州湾东部和北部沿岸水域在铜的污染程度方面相对要轻一些。6 月、7 月和 10 月，铜在胶州湾水体中的含量范围为 0.15～5.31μg/L，都没有超过国家二类海水的水质标准。因此，在胶州湾西南沿岸水域，铜含量符合国家一类海水的水质标准，水质没有受到任何铜的污染；在胶州湾东部和北部沿岸水域，铜含量符合国家二类海水的水质标准，水质没有受到铜的污染。于是，在整个胶州湾水域，铜含量符合国家二类海水的水质标准，水质受到铜的轻微污染。

1.3.2　来源变化过程

7 月，胶州湾湾口水域，形成了铜的高含量区（2.33μg/L），并且形成了一系列不同梯度的半个平行线，沿梯度从湾口到湾内水域递减为 0.15μg/L。这表明了铜的来源是来自外海海流的输送。

10 月，胶州湾西南沿岸水域，形成了铜的高含量区（3.56μg/L），并且形成了一系列不同梯度的平行线，沿梯度向湾中心水域递减为 2.22μg/L。这表明了铜的来源是来自地表径流的输送。

6 月，在湾口水域，铜的含量达到最高（5.31μg/L）。在胶州湾水体中，从外海域通过湾口，沿着从湾外到湾内的海流方向，铜含量在不断地递减，降低到湾底东北部的 0.86μg/L。这表明在胶州湾水域，铜的来源是外海海流输送。

因此，胶州湾水域铜的污染源是面污染源，主要来自地表径流的输送、外海海流的输送。地表径流输送来源的铜含量为 3.56μg/L，而外海海流输送来源的铜含量为 5.31μg/L。外海海流输送的铜含量比地表径流输送的铜含量高。

1.4　结　　论

（1）在胶州湾西南沿岸水域，铜含量符合国家一类海水的水质标准，水质没有受到任何铜的污染；在胶州湾东部和北部沿岸水域，铜含量符合国家二类海水的水质标准，水质没有受到铜的轻微污染。因此，在整个胶州湾水域，一年中铜含量都达到了国家二类海水的水质标准，这表明水质受到铜的轻微污染。

（2）胶州湾水域铜有两个来源：一个是近岸水域，来自地表径流的输入，其输入的铜含量为 2.22～3.56μg/L；另一个是胶州湾的湾口水域，来自外海海流的输入，其输入的铜含量为 0.15～5.31μg/L。外海海流输送的铜含量比地表径流输送的铜含量高。

因此，胶州湾水域中的铜主要来源于外海海流的输送，而胶州湾水域受到铜的轻微污染。

参 考 文 献

[1] Festa R A, Thiele D J. Copper: An essential metal in biology. Current Biology, 2011, 21(21): 877-883.
[2] 杨东方, 苗振清. 海湾生态学(上册). 北京: 海洋出版社, 2010: 1-320.
[3] 杨东方, 高振会. 海湾生态学(下册). 北京: 海洋出版社, 2010: 1-330.
[4] Yang D F, Chen Y, Gao Z H, et al. Silicon limitation on primary production and its destiny in Jiaozhou Bay, China IV transect offshore the coast with estuaries. Chin J Oceanol Limnol, 2005, 23(1): 72-90.
[5] 杨东方, 王凡, 高振会, 等. 胶州湾浮游藻类生态现象. 海洋科学, 2004, 28(6): 71-74.
[6] 国家海洋局. 海洋监测规范. 北京: 海洋出版社, 1991.

第2章 两种不同类型的铜含量
水平损失速度模式

2.1 背 景

2.1.1 胶州湾自然环境

胶州湾位于山东半岛南部，其地理位置为东经 120°04′～120°23′，北纬 35°58′～36°18′，以团岛与薛家岛连线为界，与黄海相通，面积约为 446km²，平均水深约 7m，是一个典型的半封闭型海湾。胶州湾入海的河流有十几条，其中径流量和含沙量较大的为大沽河和洋河，青岛市区的海泊河、李村河和娄山河等河流，这些河流均属季节性河流，河水水文特征有明显的季节性变化[1~6]。

2.1.2 数据来源与方法

本研究所使用的 1982 年 4 月、6 月、7 月和 10 月胶州湾水体铜的调查资料由国家海洋局北海监测中心提供。4 月、7 月和 10 月，在胶州湾水域设 5 个站位取水样：083、084、121、122、123；6 月，在胶州湾水域设 4 个站位取水样：H37、H39、H40、H41（图 2-1）。分别于 1982 年 4 月、6 月、7 月和 10 月 4 次进行取

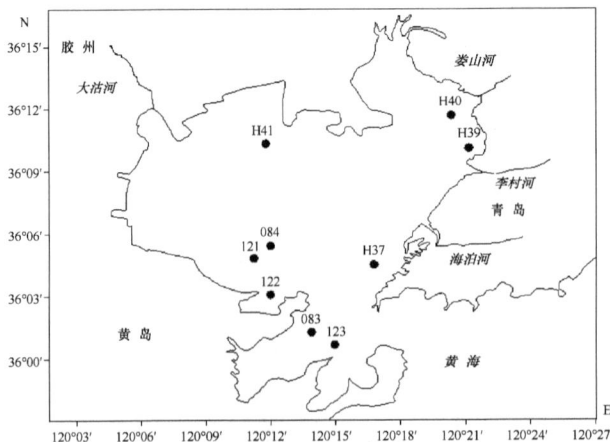

图 2-1 胶州湾调查站位

样，根据水深取水样（＞10m 时取表层和底层，＜10m 时只取表层）进行调查。按照国家标准方法进行胶州湾水体铜的调查，该方法被收录在国家的《海洋监测规范》（1991 年）中[7]。

2.2　水平损失速度模型

2.2.1　站位的距离

6 月，胶州湾东北部的近岸水域，选择两个站位（H37、H39）。从南部点 H37（东经 120°17′，北纬 36°05′）到北部点 H39（东经 120°21′，北纬 36°11′）。在这两个站位（H37、H39）得到 Cu 含量的值（表 2-1）。

表 2-1　两个站位 H37、H39 的位置及 Cu 含量的值

站位	经度	纬度	Cu 含量/（μg/L）
H37	120°17′	36°05′	5.31
H39	120°21′	36°11′	1.17

计算这两个站位之间的距离：

假设从点 H39 到点 H37 的距离为 L_2，根据 $l'=1858\text{m}$，计算 L_2 的距离为

$$L_2{}^2=[(21-17)\times1858]^2+[(11-5)\times1858]^2 \quad L_2=7.21\times1858=13\,396.18(\text{m})$$

计算得到 L_2 的距离为 13 396.18m。

7 月，胶州湾西南部的近岸水域，选择两个站位（083、121）。从南部点 083（东经 120°23′，北纬 36°02′），到北部点 121（东经 120°18′，北纬 36°07′）。并且在这两个站位（083、121）得到 Cu 含量的值（表 2-2）。

表 2-2　两个站位 083、121 的位置及 Cu 含量的值

站位	经度	纬度	7 月的 Cu 含量/（μg/L）
083	120°23′	36°02′	2.33
121	120°18′	36°07′	0.15

计算这两个站位之间的距离：

假设从点 083 到点 121 距离为 L_1，根据 $l'=1858\text{m}$，计算 L_1 的距离为

$$L_1{}^2=[(23-18)\times1858]^2+[(2-7)\times1858]^2 \quad L_1=7.07\times1858=13\,138.04(\text{m})$$

计算得到 L_1 的距离为 13 138.04m。

2.2.2 来源变化过程

6月,胶州湾湾口水域,Cu来源于外海海流的输送,其Cu含量最高,为5.31μg/L。沿梯度从湾口降低到湾底东北部的0.86μg/L。这表明了外海海流输送的Cu含量比较高。

7月,胶州湾湾口水域,Cu来源于外海海流的输送,其Cu含量为2.33μg/L。沿梯度从湾口到湾内水域递减到0.15μg/L。这表明了外海海流输送的Cu含量比较低。

2.2.3 水平损失速度模型

作者提出了物质含量的水平损失速度模型:假设水体中表层物质含量从A点的a值(单位:μg/L)降低到B点的b值(单位:μg/L),从A点到B点的距离为L(单位:m),那么考虑物质含量的水平绝对损失速度为V_{asp}[单位:(μg/L)/m,或者ydf]。于是,得到物质含量的水平绝对损失速度模型:

$$V_{asp}=(a-b)/L \qquad (2-1)$$

那么再考虑物质含量的水平相对损失速度为V_{rsp}[单位:(μg/L)/m,或者ydf]。于是,得到物质含量的水平相对损失速度模型:

$$V_{rsp}=[(a-b)/a]/L=(a-b)/aL \qquad (2-2)$$

这个模型揭示了物质含量在水平面上的迁移过程中,单位距离的损失量。物质含量的水平绝对损失速度表明单位距离的绝对损失量,物质含量的水平相对损失速度表明单位距离的相对损失量。该模型从空间的变化过程中,展示了物质含量的变化。

2.2.4 水平损失速度计算值

根据物质含量的水平损失速度模型,计算Cu含量的水平绝对损失速度值和水平相对损失速度值。

7月,水体中表层Cu的含量从点083的2.33μg/L降低到点121的0.15μg/L。Cu含量的水平绝对损失速度值$V_{asp}=(2.33-0.15)/13\,138.04=16.59\times10^{-5}$(μg/L)/m。Cu含量的水平相对损失速度值$V_{rsp}=7.12\times10^{-5}$(μg/L)/m。

6月,水体中Cu的表层含量从点H37的5.31μg/L降低到点H39的1.17μg/L。Cu含量的水平绝对损失速度值$V_{asp}=(5.31-1.17)/13\,396.18=30.90\times10^{-5}$(μg/L)/m。Cu含量的水平相对损失速度值$V_{rsp}=5.82\times10^{-5}$(μg/L)/m。

2.2.5　单位的简化

水平绝对损失速度值和水平相对损失速度值的单位都比较复杂，需要简化。作者于是将 $\times 10^{-5}$（μg/L）/ m 称为杨东方数，也可以用英文记为 ydf。

如 Cu 含量的水平绝对损失速度值 V_{asp} =16.59$\times 10^{-5}$（μg/L）/ m，可以称为杨东方数 16.59，或者也可以称为 16.59 ydf。

如 Cu 含量的水平相对损失速度值 V_{rsp}=7.12$\times 10^{-5}$（μg/L）/ m，可以称为杨东方数 7.12，或者也可以称为 7.12 ydf。

因此，在任何水体中，任何物质含量的水平损失量的单位都可以用杨东方数或者 ydf 来计量。

2.3　不同的 Cu 含量模式

2.3.1　水平含量的计算

根据物质含量的水平损失速度模型，就可以计算得到水体中表层物质的含量，甚至在水体的水平面上，可以计算任何一个地点的物质含量。

以水体的某两点，确定其经纬度和其物质含量，物质含量的水平损失速度模型，就可以计算得到物质含量的水平损失速度 V_{asp}（ydf）。选取任何一点 M，与物质含量比较高的一点距离 L_M，于是，该点 M 的物质含量为：C_M=两点比较高的物质含量$-V_{asp} \times L_M$。

这样，通过水体两点的物质含量，就可以计算得到水体中任何一点的物质含量。

2.3.2　水平含量的变化规律

根据物质含量的水平损失速度模型，来确定物质含量的水平绝对损失速度和水平相对损失速度。同一来源输送的物质含量不同，而且输送的路径不同，这样就可以决定水体中不同的水平损失速度模式。

向胶州湾输送 Cu 的唯一来源是外海海流的输送。在胶州湾的湾内水域，6月和 7 月，外海海流输送的 Cu 含量是不同的。同时，外海海流输送的路径也是不同的。6 月，外海海流输送的路径是湾内东北部的近岸水域，7 月，外海海流输送的路径是湾内西南部的近岸水域。这样，就确定了胶州湾水体中两个不同 Cu

含量和不同路径的水平损失速度模式。

根据物质含量的水平绝对损失速度模型计算得到，在单位距离时，来源输送的物质含量越高，水平绝对损失速度值就越高；来源输送的物质含量越低，水平绝对损失速度值就越低。来源输送物质的单位含量时，外海海流输送的距离越长，水平绝对损失速度值就越低；外海海流输送的距离越短，水平绝对损失速度值就越高。因此，来源输送的物质含量变化和外海海流输送的距离变化就决定了水体中物质含量的水平绝对损失速度的变化。

在胶州湾的湾内水域，6 月，外海海流的 Cu 含量比较高，为 5.31μg/L，外海海流输送的路径是湾内东北部的近岸水域，选择两个点的距离比较长，为 13 396.18m，Cu 含量的水平绝对损失速度值为杨东方数 30.90。7 月，外海海流输送的 Cu 含量比较低，为 2.33μg/L，外海海流输送的路径是湾内西南部的近岸水域，选择两个点的距离比较短，为 13 138.04m，Cu 含量的水平绝对损失速度值为杨东方数 16.59（表 2-3）。

表 2-3 Cu 含量的水平损失速度

项目	6 月	7 月
空间变化	从 H37 到 H39	从 083 到 121
输送来源	外海海流的输送	外海海流的输送
输送的路径	胶州湾东北部的近岸水域	胶州湾西南部的近岸水域
输送的距离/m	13 396.18	13 138.04
输送的量/（μg/L）	5.31	2.33
水平绝对损失速度/ydf	30.90	16.59
水平相对损失速度/ydf	5.82	7.12

这表明 6 月和 7 月，外海海流输送的距离比较接近。当来源输送的物质含量比较高时，Cu 含量的水平绝对损失速度值就比较高；来源输送的物质含量比较低时，Cu 含量的水平绝对损失速度值就比较低。

根据物质含量的水平相对损失速度模型计算得到，在单位距离时，来源输送的物质含量越高，水平相对损失速度值就越低；来源输送的物质含量越低，水平相对损失速度值就越高。来源输送物质的单位含量时，外海海流输送的距离越长，水平相对损失速度值就越低；外海海流输送的距离越短，水平相对损失速度值就越高。因此，来源输送的物质含量变化和外海海流输送的距离变化就决定了水体中物质含量的水平相对损失速度的变化。

根据物质含量的水平相对损失速度模型计算得到，在胶州湾的湾内水域，6 月，外海海流输送的 Cu 含量比较高，为 5.31μg/L，外海海流输送的路径是湾内东北部的近岸水域,选择两个点的距离比较长,为 13 396.18m,Cu 含量的水平相对损失速度值为杨东方数 5.82。7 月,外海海流输送的 Cu 含量比较低,为 2.33μg/L,外海海流输送的路径是湾内西南部的近岸水域,选择两个点的距离比较短,为 13 138.04m,Cu 含量的水平相对损失速度值为杨东方数 7.12（表 2-3）。

这表明 6 月和 7 月,外海海流输送的距离比较接近。来源输送的物质含量比较高时,Cu 含量的水平相对损失速度值就比较低;来源输送的物质含量比较低时,Cu 含量的水平相对损失速度值就比较高。

2.4　结　　论

根据物质含量的水平损失速度模型,通过水体两点的物质含量,就可以计算得到水体中任何一点的物质含量。在胶州湾的湾内水域,以来源输送的物质不同含量,根据物质含量的水平损失速度模型,来确定物质含量的水平绝对损失速度和水平相对损失速度。这样,来源输送的物质不同含量就可以决定水体中不同含量模式。

根据物质含量的水平绝对损失速度模型计算得到,在单位距离时,来源输送的物质含量越高,水平绝对损失速度值就越高;来源输送的物质含量越低,水平绝对损失速度值就越低。来源输送物质的单位含量时,外海海流输送的距离越长,水平绝对损失速度值就越低;外海海流输送的距离越短,水平绝对损失速度值就越高。因此,来源输送的物质含量变化和外海海流输送的距离变化就决定了水体中物质含量的水平绝对损失速度的变化。

根据物质含量的水平相对损失速度模型计算得到,在单位距离时,来源输送的物质含量越高,水平相对损失速度值就越低;来源输送的物质含量越低,水平相对损失速度值就越高。来源输送物质的单位含量时,外海海流输送的距离越长,水平相对损失速度值就越低;外海海流输送的距离越短,水平相对损失速度值就越高。因此,来源输送的物质含量变化和外海海流输送的距离变化就决定了水体中物质含量的水平相对损失速度的变化。

向胶州湾输送 Cu 的唯一来源是外海海流的输送。在胶州湾的湾内水域,6 月和 7 月,外海海流输送的 Cu 含量是不同的,外海海流输送的路径在湾内经过的水域是不同的。根据物质含量的水平损失速度模型计算得到,在胶州湾的湾内水域,6 月和 7 月,Cu 含量的水平绝对损失速度值和 Cu 含量的水平相对损失速度值。

6 月和 7 月,外海海流输送的距离比较接近。当来源输送的物质含量比较高时,Cu 含量的水平绝对损失速度值就比较高,Cu 含量的水平相对损失速度值就比较低；当来源输送的物质含量比较低时，Cu 含量的水平绝对损失速度值就比较低，Cu 含量的水平相对损失速度值就比较高。这样，输送不同的 Cu 含量和经过不同的路径确定了胶州湾水体中两种不同类型的 Cu 含量模式。因此，来源输送的物质含量变化就决定了水体中物质含量的水平相对损失速度的变化和物质含量的水平绝对损失速度的变化。

参 考 文 献

[1] 杨东方, 苗振清. 海湾生态学(上册). 北京: 海洋出版社, 2010: 1-320.

[2] 杨东方, 高振会. 海湾生态学(下册). 北京: 海洋出版社, 2010: 1-330.

[3] Yang D F, Miao Z Q, Song W P, et al. Research on the sources of Cu in Jiaozhou Bay. Advanced   Materials Research, 2015, 1092-1093: 1013-1016.

[4] Yang D F, Miao Z Q, Cui W L, et al. Input and transfer processes of Cu in bay waters. Advances in Intelligent Systems Research, 2015: 17-20.

[5] Yang D F, Chen Y, Gao Z H, et al. Silicon limitation on primary production and its destiny in Jiaozhou Bay, China IV transect offshore the coast with estuaries. Chin J Oceanol Limnol, 2005, 23(1): 72-90.

[6] 杨东方, 王凡, 高振会, 等. 胶州湾浮游藻类生态现象. 海洋科学, 2004, 28(6): 71-74.

[7] 国家海洋局. 海洋监测规范. 北京: 海洋出版社, 1991.

第 3 章 胶州湾水域铜的垂直分布和沉降过程

3.1 背　　景

3.1.1 胶州湾自然环境

胶州湾位于山东半岛南部，其地理位置为东经 120°04′～120°23′，北纬 35°58′～36°18′，以团岛与薛家岛连线为界，与黄海相通，面积约为 446km^2，平均水深约 7m，是一个典型的半封闭型海湾。胶州湾入海的河流有十几条，其中径流量和含沙量较大的为大沽河和洋河，青岛市区的海泊河、李村河和娄山河等河流，这些河流均属季节性河流，河水水文特征有明显的季节性变化[1~7]。

3.1.2 数据来源与方法

本研究所使用的 1982 年 4 月、6 月、7 月和 10 月胶州湾水体铜的调查资料由国家海洋局北海监测中心提供。4 月、7 月和 10 月，在胶州湾水域设 5 个站位取水样：083、084、121、122、123；6 月，在胶州湾水域设 4 个站位取水样：H37、H39、H40、H41（图 3-1）。分别于 1982 年 4 月、6 月、7 月和 10 月 4 次进行取

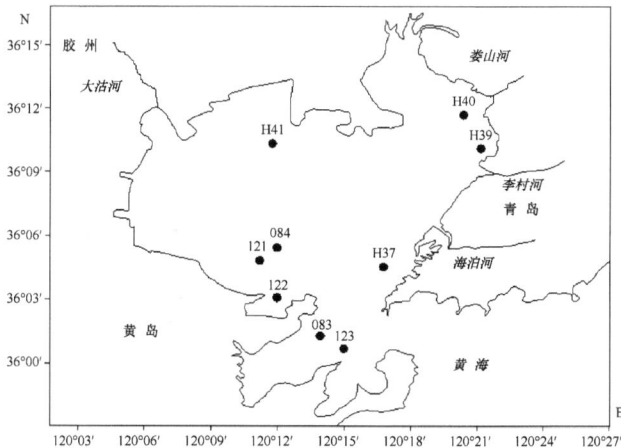

图 3-1　胶州湾调查站位

样，根据水深取水样（＞10m 时取表层和底层，＜10m 时只取表层）进行调查。按照国家标准方法进行胶州湾水体铜的调查，该方法被收录在国家的《海洋监测规范》（1991 年）中[8]。

3.2 分 布 情 况

3.2.1 底层水平分布

7 月和 10 月，胶州湾西南沿岸底层水域铜含量范围为 0.23～3.22μg/L。在胶州湾的西南沿岸底层水域，从西南的近岸水域到东北的湾中心水域，铜含量形成了一系列梯度，沿梯度在减少（图 3-2、图 3-3）。

7 月，在西南沿岸水域 122 站位，铜含量相对较高，为 1.46μg/L，以 122 站位为中心形成了铜的高含量区，形成了一系列不同梯度的平行线。铜含量从中心的高含量向湾中心水域沿梯度递减（图 3-2）。

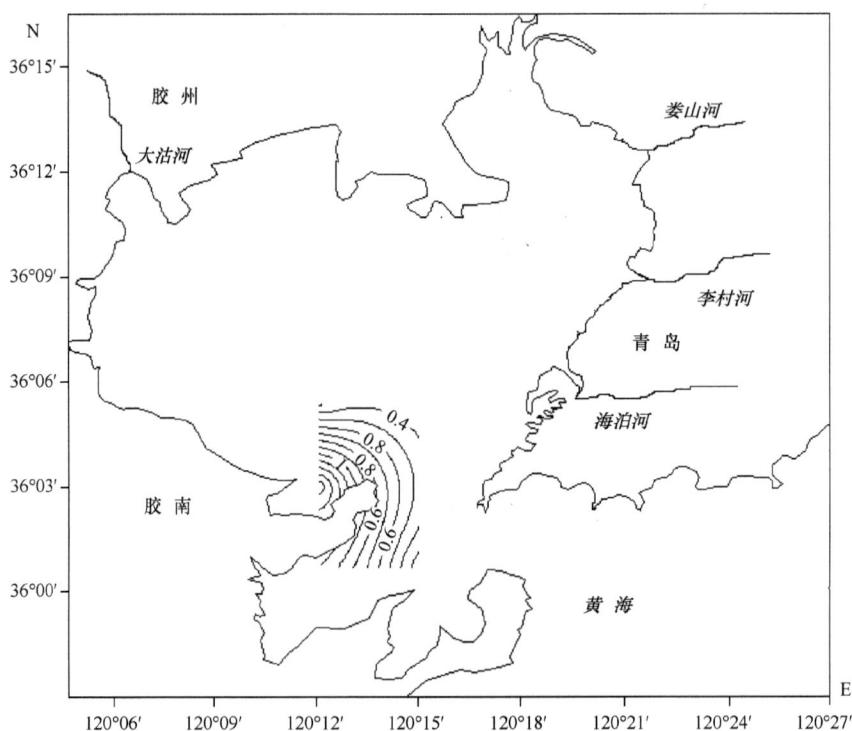

图 3-2　7 月底层铜分布（μg/L）

　　10 月，在西南湾口水域 123 站位，铜含量相对较高，为 3.22μg/L，以 123 站位为中心形成了铜的高含量区，形成了一系列不同梯度的平行线。铜从中心的高含量向西南沿岸水域或者向湾中心水域沿梯度递减（图 3-3）。

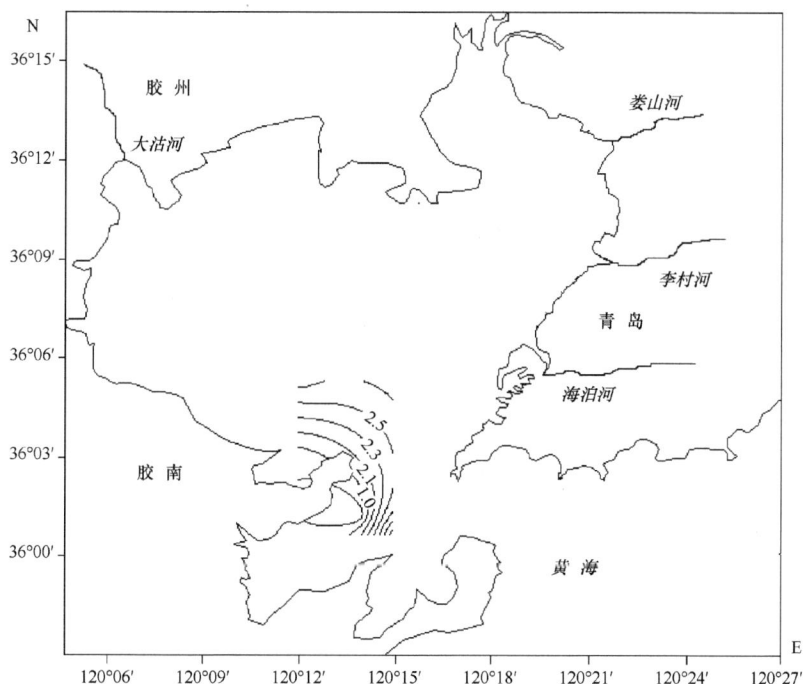

图 3-3　10 月底层铜分布（μg/L）

3.2.2　季节分布

1. 季节表层分布

　　胶州湾西南沿岸水域的表层水体中，7 月，水体中铜的表层含量范围为 0.15～2.33μg/L；10 月，水体中铜的表层含量范围为 2.22～3.56μg/L。这表明 7 月和 10 月，水体中铜的表层含量范围变化不大，为 0.15～3.56μg/L，铜的表层含量由高到低依次为 10 月、7 月。故得到水体中铜的表层含量由高到低的季节变化为：秋季、夏季。

2. 季节底层分布

　　胶州湾西南沿岸水域的底层水体中，7 月，水体中铜的底层含量范围为 0.23～

1.46μg/L；10 月，水体中铜的底层含量范围为 1.56～3.22μg/L。这表明 7 月和 10 月，水体中铜的底层含量范围变化不大，为 0.23～3.22μg/L，铜的底层含量由高到低依次为 10 月、7 月。故得到水体中铜的底层含量由高到低的季节变化为：秋季、夏季。

3.2.3　垂直分布

1. 含量变化

在夏季，铜的表层含量较低（0.15～2.33μg/L）时，其对应的底层含量较低，为 0.23～1.46μg/L。在秋季铜的表层含量较高（2.22～3.56μg/L）时，其对应的底层含量较高，为 1.56～3.22μg/L。

于是，夏季，铜的表层、底层含量的相差为 0.08～0.87μg/L；秋季，铜的表层、底层含量的相差为 0.34～0.66μg/L；因此，夏季、秋季，铜的表层、底层含量都相近，而且，铜的表层含量高的，对应的底层含量就高；同样，铜的表层含量低的，对应的底层含量就低。

2. 分布趋势

在胶州湾的西南沿岸水域，从西南的近岸到东北的湾中心。

7 月，在表层，铜含量沿梯度降低，从 2.33μg/L 降低到 0.15μg/L。在底层，铜含量沿梯度降低，从 1.46μg/L 降低到 0.23μg/L。这表明表层、底层的水平分布趋势也是一致的。

10 月，在表层，铜含量沿梯度降低，从 3.56μg/L 降低到 2.22μg/L。在底层，铜含量沿梯度降低，从 3.22μg/L 降低到 1.56μg/L。这表明表层、底层的水平分布趋势也是一致的。

总之，7 月和 10 月，胶州湾西南沿岸水域的水体中，表层铜的水平分布与底层分布趋势是一致的。

3.3　沉降过程

3.3.1　季节变化过程

在胶州湾西南沿岸水域的表层水体中，7 月，铜含量变化从低值 2.33μg/L 开始，然后逐渐增加，到 10 月达到高值 3.56μg/L。于是，铜的表层含量由低到高的季节变化为：夏季、秋季。因此，铜含量从夏季开始，上升到秋季的高值。7 月和 10 月，铜来源是来自地表径流的输送。这表明在胶州湾西南沿岸水域的表层水体中，铜含量的变化主要由雨量的变化来确定。因此，铜含量的季节变化中，在秋季、夏季相对比较高。但由于是地表径流的输送，故铜含量较低，水质没有受到任何铜的污染。

3.3.2 沉 降 过 程

在海水中，43%～88%的铜被吸附在悬浮颗粒表面[9]。这样，铜易与海水中的浮游动植物以及浮游颗粒结合，具有很强的吸附能力，这一特性对铜元素在海水中的垂直迁移产生了极大的影响。在夏季，海洋生物大量繁殖，数量迅速增加[7]，且由于浮游生物的繁殖活动，悬浮颗粒物表面形成胶体，此时的吸附力最强，吸附了大量的铜离子，并将其带入表层水体，由于重力和水流的作用，铜不断地沉降到海底。

在空间尺度上，6 月的表层水体中铜的水平分布证实了这样的迁移过程：湾西南的湾口表层水体中铜的含量高（5.31μg/L），铜的含量大小由西南向东北方向递减，铜含量从湾西南湾口的 5.31μg/L 降低到湾底东北部的 0.86μg/L。这表明由于铜被吸附于大量悬浮颗粒物表面，在重力和水流的作用下，铜不断地沉降到海底。于是，在表层水体中铜含量随着远离来源在不断地下降。

在空间尺度上，7 月和 10 月，水体中铜的垂直分布证实了这样的迁移过程：在夏季、秋季，雨季期间，雨水导致陆地铜随地表径流进入大海，在胶州湾的西南沿岸表层、底层水域，从西南的近岸水域到东北的湾中心水域，铜含量形成了一系列梯度，沿梯度在减少。这表明由于铜离子被吸附于大量悬浮颗粒物表面，在重力和水流的作用下，铜不断地沉降到海底。于是，在表层水体中铜含量随着远离来源在不断地下降。同样，在表层水体中铜含量随着来源含量的减少在不断地下降。

3.4 结 论

（1）在胶州湾西南沿岸水域的表层水体中，铜含量从夏季开始，上升到秋季的高值。7 月和 10 月，铜含量的变化主要由雨量的变化来确定。因此，铜含量的季节变化中，在夏季、秋季相对比较高。但由于是地表径流的输送，故铜含量较低，水质没有受到任何铜的污染。

（2）在空间尺度上，6 月的表层水体中铜水平分布与 7 月和 10 月的铜垂直分布，都证实了这样的迁移过程：在重力和水流的作用下，铜不断地沉降到海底。于是，在表层水体中铜含量随着远离来源在不断地下降。同样，在表层水体中铜含量随着来源含量的减少在不断地下降。

胶州湾水域铜的垂直分布和季节变化证实了水体铜的迁移过程。因此，了解胶州湾水域铜的输送过程和迁移过程，能有效地控制和改善当地环境状况。

参 考 文 献

[1] 马莉芳, 蒋晨, 高春生. 水体铜对水生动物毒性研究进展. 江西农业学报, 2013, 25(8): 73-76.

[2] 杨东方, 苗振清. 海湾生态学(上册). 北京: 海洋出版社, 2010: 1-320.

[3] 杨东方, 高振会. 海湾生态学(下册). 北京: 海洋出版社, 2010: 1-330.

[4] Yang D F, Miao Z Q, Song W P, et al. Research on the sources of Cu in Jiaozhou Bay . Advanced Materials Research, 2015, 1092-1093: 1013-1016.

[5] Yang D F, Miao Z Q, Cui W L, et al. Input and transfer processes of Cu in bay waters. Advances in Intelligent Systems Research, 2015: 17-20.

[6] Yang D F, Chen Y, Gao Z H, et al. Silicon limitation on primary production and its destiny in Jiaozhou Bay, China Ⅳ transect offshore the coast with estuaries. Chin J Oceanol Limnol, 2005, 23(1): 72-90.

[7] 杨东方, 王凡, 高振会, 等. 胶州湾浮游藻类生态现象. 海洋科学, 2004, 28(6): 71-74.

[8] 国家海洋局. 海洋监测规范. 北京: 海洋出版社, 1991.

[9] Shaw T, Brown V. The toxicity of some forms of copper to rainbow trout.Water Research, 1974, 8(6): 377- 382.

第4章 外海海流给胶州湾水体
输送大量的铜

4.1 背 景

4.1.1 胶州湾自然环境

胶州湾位于山东半岛南部，其地理位置为东经 120°04′~120°23′，北纬 35°58′~36°18′，以团岛与薛家岛连线为界，与黄海相通，面积约为 446km^2，平均水深约 7m，是一个典型的半封闭型海湾。胶州湾入海的河流有十几条，其中径流量和含沙量较大的为大沽河和洋河，青岛市区的海泊河、李村河和娄山河等河流，这些河流均属季节性河流，河水水文特征有明显的季节性变化[1~6]。

4.1.2 数据来源与方法

本研究所使用的 1983 年 5 月、9 月和 10 月胶州湾水体 Cu 的调查资料由国家海洋局北海监测中心提供。5 月、9 月和 10 月，在胶州湾水域设 5 个站位取表层、底层水样：H34、H35、H36、H37、H82（图 4-1）。分别于 1983 年 5 月、9 月和

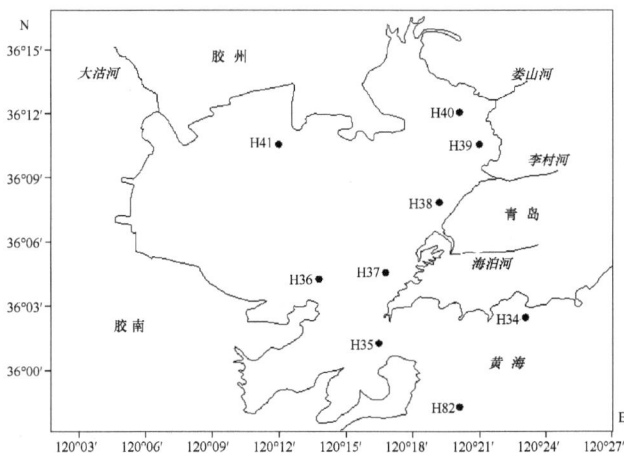

图 4-1 胶州湾调查站位

10月3次进行取样,根据水深取水样(>10m时取表层和底层,<10m时只取表层)进行调查。按照国家标准方法进行胶州湾水体Cu的调查,该方法被收录在国家的《海洋监测规范》(1991年)中[7]。

4.2 水 平 分 布

4.2.1 含 量 大 小

5月、9月和10月,胶州湾南部沿岸水域Cu含量比较高,北部沿岸水域Cu含量比较低。5月,胶州湾水域Cu含量范围为2.47~20.60μg/L,已经超过国家三类海水的水质标准(20.00μg/L)。9月,胶州湾水域Cu含量范围为0.86~4.86μg/L,没有超过国家一类海水的水质标准(5.00μg/L)。10月,胶州湾水域Cu含量范围为0.77~3.00μg/L,没有超过国家一类海水的水质标准(5.00μg/L)。

5月、9月和10月,Cu在胶州湾水体中的含量范围为0.77~20.60μg/L,都符合国家一类海水的水质标准(5.00μg/L)、二类海水的水质标准(10.00μg/L)和三类海水的水质标准(20.00μg/L)以及超过国家三类海水的水质标准。这表明在Cu含量方面,5月、9月和10月,在胶州湾整个水域,水质受到Cu的重度污染(表4-1)。

表4-1 5月、9月和10月的胶州湾表层水质

项目	5月	9月	10月
海水中Cu含量/(μg/L)	2.47~20.60	0.86~4.86	0.77~3.00
国家海水水质标准	一类、二类、三类海水	一类、二类海水	一类、二类海水

4.2.2 表层水平分布

5月,在湾外水域H34和H82站位,Cu含量相对较高,分别为20.60μg/L和16.07μg/L,以湾外站位H34和H82为中心形成了Cu的高含量区,沿着胶州湾的海湾通道从湾外到湾内,形成了一系列不同梯度的平行线。Cu从中心的高含量向湾内水域沿梯度递减(图4-2)。这说明在胶州湾水体中从外海域通过湾口,沿着从湾外到湾内的海流方向,Cu含量在不断地递减(图4-2)。在胶州湾东北部,娄山河的入海口近岸水域H40站位,Cu的含量达到较高10.57μg/L,以东北部近岸水域为中心形成了Cu的高含量区,形成了一系列不同梯度的半个同心圆。Cu从中心的高含量10.57μg/L沿梯度递减到湾口水域的4.75μg/L(图4-2)。在胶州湾东

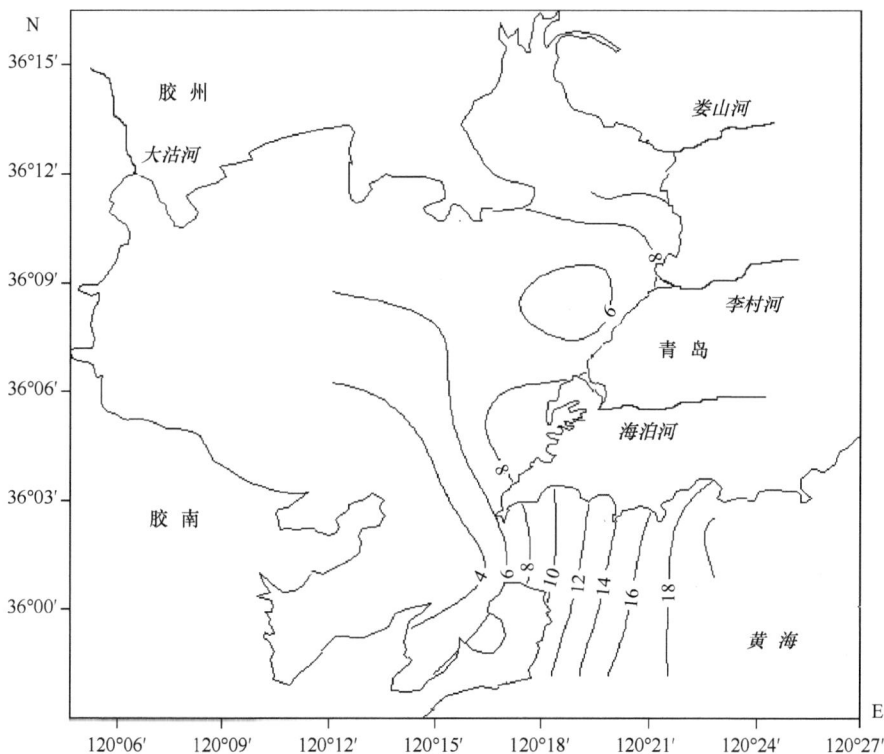

图 4-2　5 月表层 Cu 含量的分布（μg/L）

部的接近湾口近岸水域的 H37 站位，Cu 的含量为 9.48μg/L，而在湾口水域 H35 站位，Cu 的含量为 2.94μg/L。这样，以东部近岸水域的 H37 站位为中心形成了 Cu 的高含量区，形成了一系列不同梯度的半个同心圆。Cu 含量从中心的高含量沿梯度递减到湾口水域的 2.94μg/L（图 4-2）。

9 月，在胶州湾的湾口水域 H35 站位，Cu 含量达到最高（4.86μg/L），以站位 H35 为中心形成了 Cu 的高含量区，形成了一系列不同梯度的半个同心圆。Cu 含量从中心的高含量向湾内的北部水域沿梯度递减到 0.86μg/L（图 4-3），同时，向湾外的东部水域沿梯度递减到 1.43μg/L（图 4-3）。在胶州湾东部，李村河和海泊河的入海口之间的近岸水域 H38 站位，Cu 含量达到较高（2.20μg/L），以东部近岸水域为中心形成了 Cu 的高含量区，形成了一系列不同梯度的半个同心圆。Cu 含量从中心的高含量沿梯度递减到湾北部水域的 0.86μg/L（图 4-3）。

10 月，在胶州湾东北部，娄山河的入海口近岸水域 H40 站位，Cu 含量达到较高（3.00μg/L），以东北部近岸水域为中心形成了 Cu 的高含量区，形成了一系列不同梯度的半个同心圆。Cu 从中心的高含量（3.00μg/L）沿梯度递减到湾口水域的 0.77μg/L（图 4-4）。在湾外水域 H34 站位，Cu 含量相对较高，分别为 2.28μg/L，

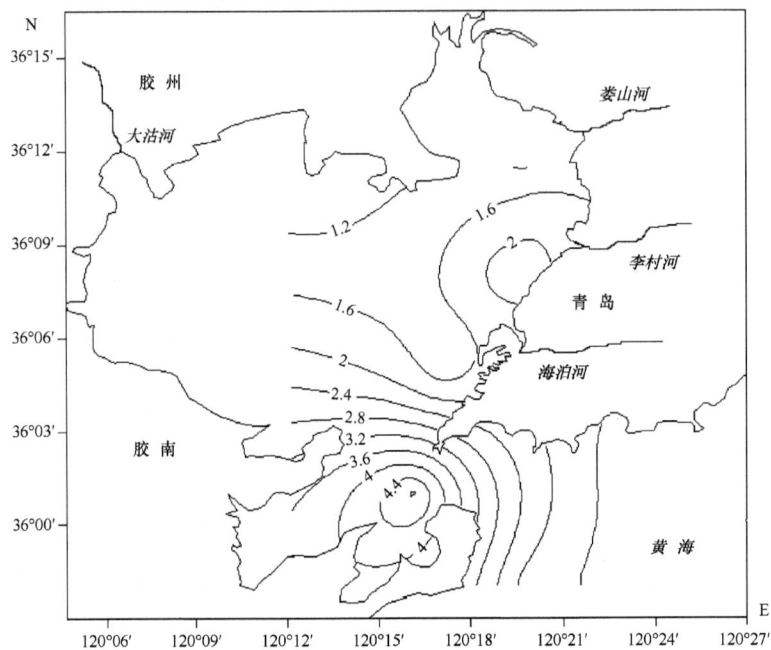

图 4-3　9 月表层 Cu 含量的分布（μg/L）

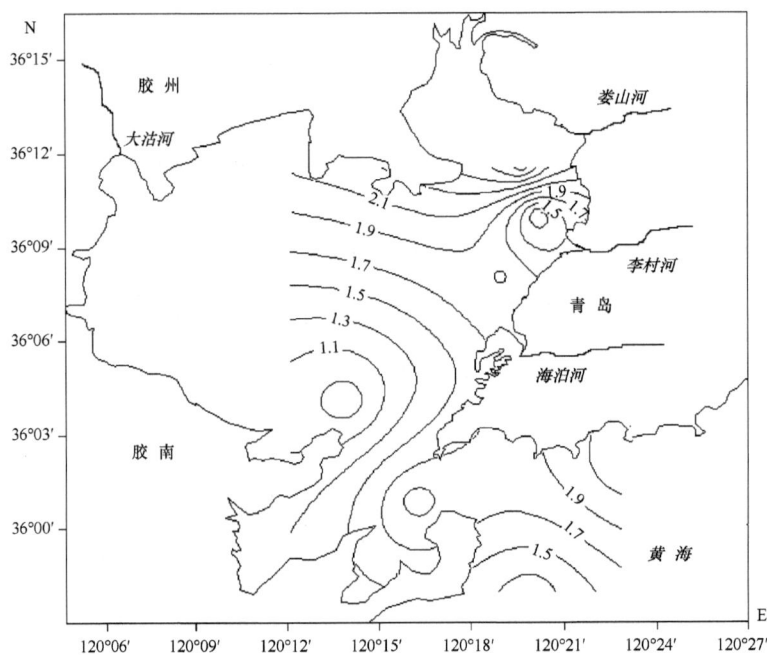

图 4-4　10 月表层 Cu 含量的分布（μg/L）

以湾外站位 H34 为中心形成了 Cu 的高含量区,形成了一系列不同梯度的半个同心圆。Cu 从中心的高含量(2.28μg/L)向湾外南部水域沿梯度递减到 1.75μg/L(图 4-4)。

4.3　来源及输送

4.3.1　水　　质

5 月、9 月和 10 月,Cu 在胶州湾水体中的含量范围为 0.77～20.60μg/L,都符合国家一类海水的水质标准(5.00μg/L)、二类海水的水质标准(10.00μg/L)和三类海水的水质标准(20.00μg/L)以及超过三类海水的水质标准。这表明在 Cu 含量方面,5 月、9 月和 10 月,在胶州湾水域,水质受到重度污染。

5 月,Cu 在胶州湾水体中的含量范围为 2.47～20.60μg/L,胶州湾水域受到 Cu 的重度污染。在胶州湾,从湾口到湾内的整个水域,Cu 的含量变化范围为 2.47～10.57μg/L,这表明湾内水质,在 Cu 含量方面,达到了国家三类海水的水质标准,水质受到了 Cu 的中度污染。在胶州湾外,Cu 含量达到比较高(16.07～20.60μg/L),这展示了超过国家三类海水的水质标准,水质受到了 Cu 的重度污染。

9 月,Cu 在胶州湾水体中的含量范围为 0.86～4.86μg/L,胶州湾水域受到 Cu 轻微的污染。在胶州湾,从湾口内到湾内的整个水域,Cu 的含量变化范围为 0.86～2.44μg/L,这表明湾内水质,在 Cu 含量方面,符合国家一类海水的水质标准,水质没有受到任何污染。可是,在胶州湾的湾口水域,Cu 含量达到最高 4.86μg/L,这表明在胶州湾的湾口水域,Cu 含量比较高,接近国家一类海水的水质标准,该水域受到轻微污染。

10 月,Cu 在胶州湾水体中的含量范围为 0.77～3.00μg/L,符合国家一类海水的水质标准(5.00μg/L),胶州湾水域没有受到 Cu 的污染。在胶州湾东北部的近岸水域,Cu 含量比较高 3.00μg/L,但是,远远低于国家一类海水的水质标准。这表明在胶州湾水域,Cu 含量比较低,该水域没有受到 Cu 的污染。

因此,5 月、9 月和 10 月,胶州湾南部沿岸水域 Cu 含量比较高,北部沿岸水域 Cu 含量比较低。5 月,在胶州湾整个湾内水域,水质受到了 Cu 的中度污染。在胶州湾的湾外水域,水质受到 Cu 的重度污染。9 月,在胶州湾的湾口内水域,符合国家一类海水的水质标准,水质没有受到 Cu 的任何污染。在胶州湾的湾口水域,Cu 含量比较高,接近国家一类海水的水质标准,该水域受到 Cu 的轻微污染。10 月,在整个胶州湾水域,符合国家一类海水的水质标准,胶州湾水域没有受到 Cu 的污染。

4.3.2 来源及输送

5月，在胶州湾水体中，从外海域通过湾口，沿着从湾外到湾内的海流方向，Cu含量在不断地递减，这表明在胶州湾水域，Cu的来源是来自外海海流的输送，其Cu含量为20.60μg/L。在胶州湾东北部，娄山河的入海口近岸水域，形成了Cu的高含量区，这表明了Cu的来源是来自河流的输送，其Cu含量为10.57μg/L。在胶州湾东部的近岸水域，形成了Cu的高含量区，这表明了Cu的来源是船舶码头的输送，其Cu含量为9.48μg/L。

9月，在胶州湾的湾口水域，形成了Cu的高含量区，这表明了Cu的来源是近岸岛尖端的高含量输送，其Cu含量为4.86μg/L。在胶州湾东部，李村河和海泊河的入海口之间的近岸水域，形成了Cu的较高含量区，这表明了Cu的来源是河流的较高含量输送，其Cu含量为2.20μg/L。

10月，在胶州湾东北部，娄山河和李村河的入海口之间的近岸水域，形成了Cu的较高含量区，这表明了Cu的来源是来自河流的较高含量输送，其Cu含量为3.00μg/L。在胶州湾湾外的东部近岸水域，形成了Cu的比较高含量区，这表明了Cu的来源是地表径流的较小含量输送，其Cu含量为2.28μg/L。

胶州湾水域Cu有5个来源，主要来自外海海流的输送、河流的输送、船舶码头的输送、近岸岛尖端的输送和地表径流的输送。来自外海海流输送的Cu含量为20.60μg/L，来自河流输送的Cu含量为2.20～10.57μg/L，来自船舶码头输送的Cu含量为9.48μg/L，来自近岸岛尖端输送的Cu含量为4.86μg/L，来自地表径流输送的Cu含量为2.28μg/L。因此，外海海流的输送，给胶州湾输送的Cu含量都超过国家三类海水的水质标准（20.00μg/L）；陆地河流的输送，给胶州湾输送的Cu含量都超过国家二类海水的水质标准（10.00μg/L），符合国家三类海水的水质标准（20.00μg/L）；船舶码头的输送，给胶州湾输送的Cu含量都超过国家一类海水的水质标准，符合国家二类海水的水质标准（10.00μg/L）；近岸岛尖端的输送和地表径流的输送，给胶州湾输送的Cu含量都小于国家一类海水的水质标准。这表明外海海流受到Cu的重度污染，河流受到Cu的中度污染，船舶码头受到Cu的轻度污染，近岸岛尖端和地表径流没有受到Cu的污染（表4-2）。

表4-2　胶州湾不同来源的Cu含量

不同来源	外海海流的输送	河流的输送	船舶码头的输送	近岸岛尖端的输送	地表径流的输送
Cu含量/（μg/L）	20.60	2.20～10.57	9.48	4.86	2.28

4.4　结　　论

5 月、9 月和 10 月，Cu 在胶州湾水体中的含量范围为 0.77～20.60μg/L，都符合国家一类海水的水质标准（5.00μg/L）、二类海水的水质标准（10.00μg/L）和三类海水的水质标准（20.00μg/L）以及超过三类海水的水质标准。这表明在 Cu 含量方面，5 月、9 月和 10 月，在胶州湾水域，水质受到重度污染。

胶州湾水域 Cu 有 5 个来源，主要来自外海海流的输送、河流的输送、船舶码头的输送、近岸岛尖端的输送和地表径流的输送。来自外海海流输送的 Cu 含量为 20.60μg/L，来自河流输送的 Cu 含量为 2.20～10.57μg/L，来自船舶码头输送的 Cu 含量为 9.48μg/L，来自近岸岛尖端输送的 Cu 含量为 4.86μg/L，来自地表径流输送的 Cu 含量为 2.28μg/L。这表明外海海流受到 Cu 的重度污染，河流受到 Cu 的中度污染，船舶码头受到 Cu 的轻度污染，近岸岛尖端和地表径流没有受到 Cu 的污染。

由此认为，在外海，海洋受到了 Cu 的重度污染。在胶州湾的周围陆地上，受到 Cu 的中度污染，在船舶码头受到了轻度污染，而在近岸岛尖端和地表基本没有受到 Cu 的污染。因此，人类需要谨慎观察海洋的污染，尤其是 Cu 对海洋的污染。

参 考 文 献

[1]　杨东方, 苗振清. 海湾生态学(上册). 北京: 海洋出版社, 2010: 1-320.

[2]　杨东方, 高振会. 海湾生态学(下册). 北京: 海洋出版社, 2010: 1-330.

[3]　Yang D F, Miao Z Q, Song W P, et al. Research on the sources of Cu in Jiaozhou Bay. Advanced Materials Research, 2015, 1092-1093: 1013-1016.

[4]　Yang D F, Miao Z Q, Cui W L, et al. Input and transfer processes of Cu in bay waters. Advances in Intelligent Systems Research, 2015: 17-20.

[5]　Yang D F, Chen Y, Gao Z H, et al. Silicon limitation on primary production and its destiny in Jiaozhou Bay, China Ⅳ transect offshore the coast with estuaries. Chin J Oceanol Limnol, 2005, 23(1): 72-90.

[6]　杨东方, 王凡, 高振会, 等. 胶州湾浮游藻类生态现象. 海洋科学, 2004, 28(6): 71-74.

[7]　国家海洋局. 海洋监测规范. 北京: 海洋出版社, 1991.

第5章 胶州湾水域铜的底层
分布及均匀性过程

5.1 背 景

5.1.1 胶州湾自然环境

胶州湾位于山东半岛南部，其地理位置为东经 120°04′～120°23′，北纬 35°58′～36°18′，以团岛与薛家岛连线为界，与黄海相通，面积约为 446km²，平均水深约 7m，是一个典型的半封闭型海湾。胶州湾入海的河流有十几条，其中径流量和含沙量较大的为大沽河和洋河，青岛市区的海泊河、李村河和娄山河等河流，这些河流均属季节性河流，河水水文特征有明显的季节性变化[1~4]。

5.1.2 数据来源与方法

本研究所使用的 1983 年 5 月、9 月和 10 月胶州湾水体 Cu 的调查资料由国家海洋局北海监测中心提供。5 月、9 月和 10 月，在胶州湾水域设 5 个站位取表层、底层水样：H34、H35、H36、H37、H82（图 5-1）。分别于 1983 年 5 月、9 月和

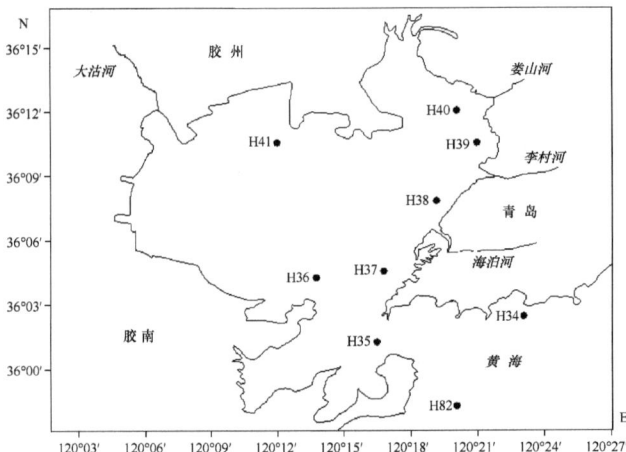

图 5-1 胶州湾调查站位

10 月 3 次进行取样，根据水深取水样（＞10m 时取表层和底层，＜10m 时只取表层）进行调查。按照国家标准方法进行胶州湾水体 Cu 的调查，该方法被收录在国家的《海洋监测规范》（1991 年）中[5]。

5.2 底层水平分布

5.2.1 底层含量大小

5 月、9 月和 10 月，在胶州湾的湾口底层水域，Cu 含量的变化范围为 0.24～3.95μg/L，都没有超过国家一类海水的水质标准。这表明 5 月、9 月和 10 月胶州湾底层水质，在整个水域符合国家一类海水的水质标准（5.00μg/L）（表 5-1）。

表 5-1 5 月、9 月和 10 月的胶州湾底层水质

项目	5 月	9 月	10 月
海水中 Cu 含量/（μg/L）	0.86～3.95	1.31～1.90	0.24～2.00
国家海水水质标准	一类海水	一类海水	一类海水

5.2.2 底层水平分布

5 月、9 月和 10 月，在胶州湾的湾口水域，从湾口内侧到湾口，再到湾口外侧，在胶州湾的湾口水域的这些站位：H34、H35、H36、H37、H82，Cu 含量有底层的调查。那么 Cu 含量在底层的水平分布如下。

5 月，在胶州湾的湾口水域，从湾口内侧到湾口，再到湾口外侧，在胶州湾湾内的东部近岸水域 H37 站位，Cu 含量达到较高，为 3.88μg/L，以东部近岸水域为中心形成了 Cu 的高含量区，形成了一系列不同梯度的平行线。Cu 从湾内的高含量（3.88μg/L）区向南部到湾外水域沿梯度递减为 0.86μg/L（图 5-2）。

9 月，在胶州湾的湾口水域，从湾口内侧到湾口，再到湾口外侧，在胶州湾湾内的东部近岸水域 H37 站位，Cu 的含量达到较高，为 1.90μg/L，以东部近岸水域为中心形成了 Cu 的高含量区，形成了一系列不同梯度的平行线。Cu 从湾内的高含量（1.90μg/L）区向南部到湾外水域沿梯度递减为 1.31μg/L（图 5-3）。

10 月，在胶州湾的湾口水域，从湾口内侧到湾口，再到湾口外侧，在胶州湾湾内的西南部近岸水域 H36 站位，Cu 的含量达到较高，为 2.00μg/L，以东部近岸水域为中心形成了 Cu 的高含量区，形成了一系列不同梯度的平行线。Cu 从湾内的高含量（2.00μg/L）区向南部到湾外水域沿梯度递减为 0.24μg/L（图 5-4）。

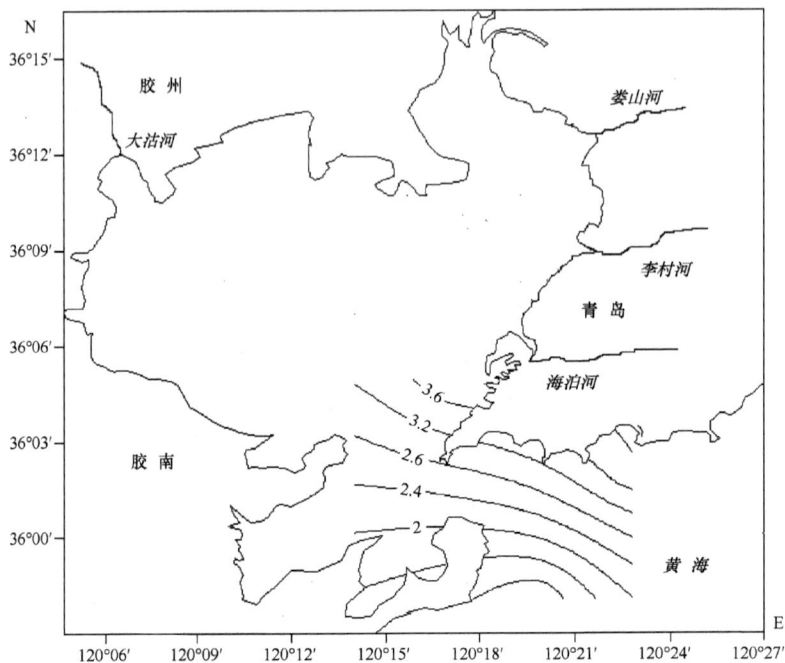

图 5-2　5 月底层 Cu 含量的分布（μg/L）

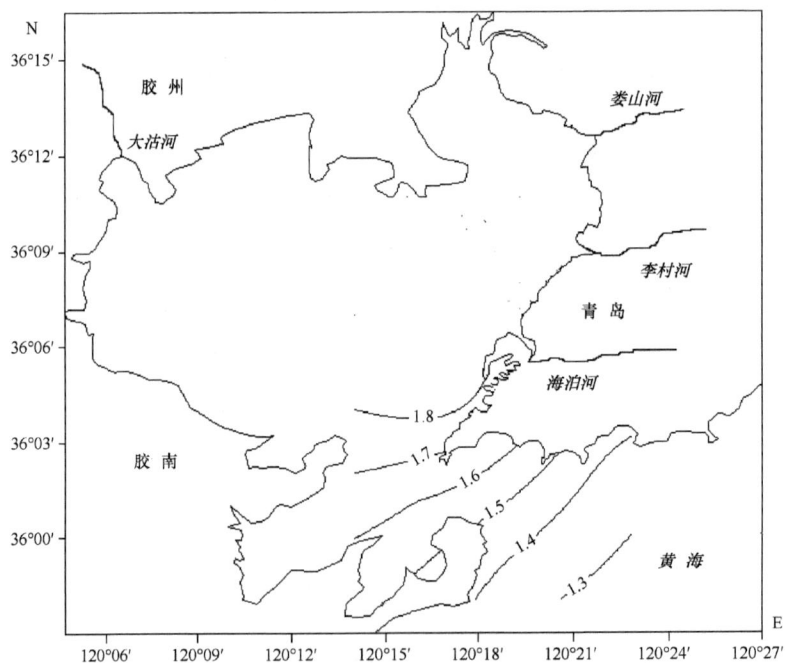

图 5-3　9 月底层 Cu 含量的分布（μg/L）

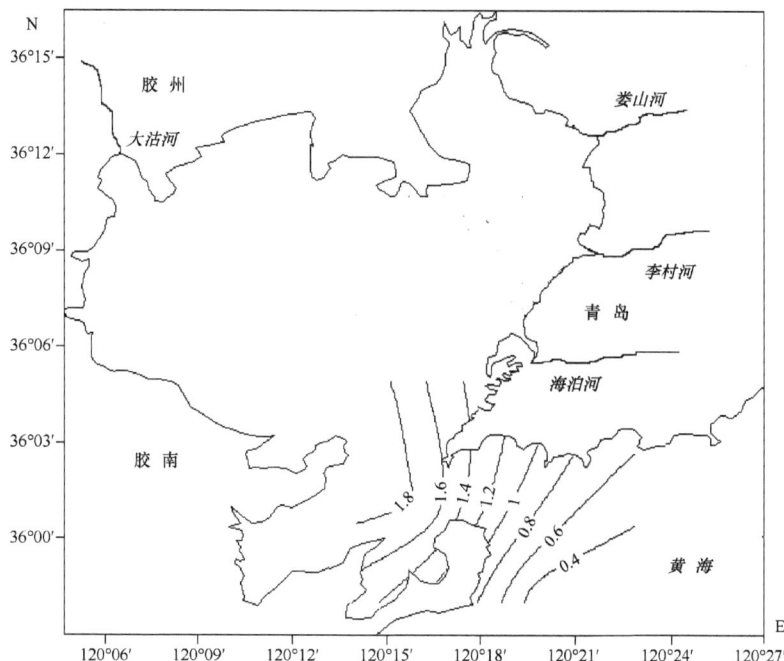

图 5-4　10 月底层 Cu 含量的分布（μg/L）

5.3　均匀性过程

5.3.1　水　质

在胶州湾水域，Cu 来自外海海流的输送、河流的输送、船舶码头的输送、近岸岛尖端的输送和地表径流的输送。Cu 先来到水域的表层，然后，Cu 从表层穿过水体，来到底层。Cu 经过了垂直水体的效应作用[6]，呈现了 Cu 含量在胶州湾的湾口底层水域变化范围为 0.24~3.95μg/L，这远远小于国家一类海水水质标准（5.00μg/L）。这展示了在 Cu 含量方面，在胶州湾的湾口底层水域，水质清洁，没有受到污染。

5.3.2　聚集和发散过程

在胶州湾，湾内海水经过湾口与外海海水交换，物质的浓度不断地降低[7]。5 月、9 月和 10 月，在胶州湾的湾口底层水域，从湾口内侧到湾口，再到湾口外侧，Cu 从湾内的高含量区向南部到湾外水域沿梯度递减。展示了：在湾口内侧，Cu

的高沉降率；在湾口外侧，Cu 的低沉降率。

因此，在胶州湾的湾口底层水域，5 月、9 月和 10 月，都出现了湾内 Cu 含量的高值区和湾外 Cu 含量的低值区。这表明，在胶州湾的湾口内侧水域，水流的速度相对比较慢，而在胶州湾的湾口外侧水域，水流的速度相对比较快，这样，在 Cu 的沉降过程中，水流的流速快慢，将说明带走 Cu 的多少。Cu 含量的高值区和低值区的出现表明了水体运动具有将 Cu 聚集和发散的过程。

5.3.3 均匀性过程

海洋的潮汐、海流对海洋中所有物质的含量都进行搅动、输送，使海洋中所有物质的含量在海洋的水体中分布都非常均匀。在近岸浅海主要靠潮汐的作用；在深海主要靠海流的作用，当然还有其他辅助作用，如风暴潮、海底地震等。所以，随着时间的推移，海洋尽可能使海洋中所有物质的含量都分布均匀，故海洋具有均匀性[8]。在胶州湾的湾内水域 Cu 含量范围为 $2.47 \sim 10.57 \mu g/L$，外海海流给胶州湾水体带来了大量的 Cu，而且经过了垂直水体的效应作用[6]，呈现了在胶州湾的湾口内底层水域 Cu 的高含量：5 月、9 月和 10 月，在胶州湾湾内的东部近岸水域 H37 站位和西南部近岸水域 H36 站位，Cu 的含量达到较高值范围，为 $1.90 \sim 3.88 \mu g/L$。

5.4 结 论

5 月、9 月和 10 月，在胶州湾的湾口底层水域，Cu 含量的变化范围为 $0.24 \sim 3.95 \mu g/L$，都符合国家一类海水的水质标准（$5.00 \mu g/L$）。这表明没有受到人为的 Cu 污染。因此，Cu 经过了垂直水体的效应作用，在 Cu 含量方面，胶州湾的湾口底层水域，水质清洁，没有受到任何污染。

在胶州湾的湾口水域，5 月、9 月和 10 月，在水体中的底层都出现了湾内 Cu 含量的高值区和湾外 Cu 含量的低值区，表明了水体运动具有将 Cu 聚集和发散的作用。在胶州湾的湾内水域，Cu 含量范围为 $2.47 \sim 10.57 \mu g/L$，外海海流给胶州湾水体带来了大量的 Cu（$20.60 \mu g/L$），而且经过了垂直水体的效应作用，呈现了在胶州湾的湾口内底层水域的 Cu 的高含量。这充分证明了海洋具有均匀性，即使在偏僻的浅水海湾，只要海水能够达到的，也要将物质带到。

参 考 文 献

[1] Yang D F, Miao Z Q, Song W P, et al. Research on the sources of Cu in Jiaozhou Bay. Advanced Materials

Research, 2015, 1092-1093: 1013-1016.

[2] Yang D F, Miao Z Q, Cui W L, et al. Input and transfer processes of Cu in bay waters. Advances in Intelligent Systems Research, 2015: 17-20.

[3] Yang D F, Chen Y, Gao Z H, et al. Silicon limitation on primary production and its destiny in Jiaozhou Bay, China IV Transect offshore the coast with estuaries. Chin J Oceanol Limnol, 2005, 23(1): 72-90.

[4] 杨东方, 王凡, 高振会, 等. 胶州湾浮游藻类生态现象. 海洋科学, 2004, 28(6): 71-74.

[5] 国家海洋局. 海洋监测规范. 北京: 海洋出版社, 1991.

[6] Yang D F, Wang F Y, He H Z, et al. Vertical water body effect of benzene hexachloride. Proceedings of the 2015 international symposium on computers and informatics, 2015: 2655-2660.

[7] 杨东方, 苗振清, 徐焕志, 等. 胶州湾海水交换的时间. 海洋环境科学, 2013, 32(3): 373-380.

[8] 杨东方, 丁咨汝, 郑琳, 等. 胶州湾水域有机农药六六六的分布及均匀性. 海岸工程, 2011, 30(2): 66-74.

第6章 胶州湾水域铜的垂直分布和迁移过程

6.1 背　景

6.1.1 胶州湾自然环境

胶州湾位于山东半岛南部，其地理位置为东经 120°04′～120°23′，北纬 35°58′～36°18′，以团岛与薛家岛连线为界，与黄海相通，面积约为 446km²，平均水深约 7m，是一个典型的半封闭型海湾。胶州湾入海的河流有十几条，其中径流量和含沙量较大的为大沽河和洋河，青岛市区的海泊河、李村河和娄山河等河流，这些河流均属季节性河流，河水水文特征有明显的季节性变化[1~4]。

6.1.2 数据来源与方法

本研究所使用的 1983 年 5 月、9 月和 10 月胶州湾水体 Cu 的调查资料由国家海洋局北海监测中心提供。5 月、9 月和 10 月，在胶州湾水域设 5 个站位取表层、底层水样：H34、H35、H36、H37、H82（图 6-1）。分别于 1983 年 5 月、9 月和

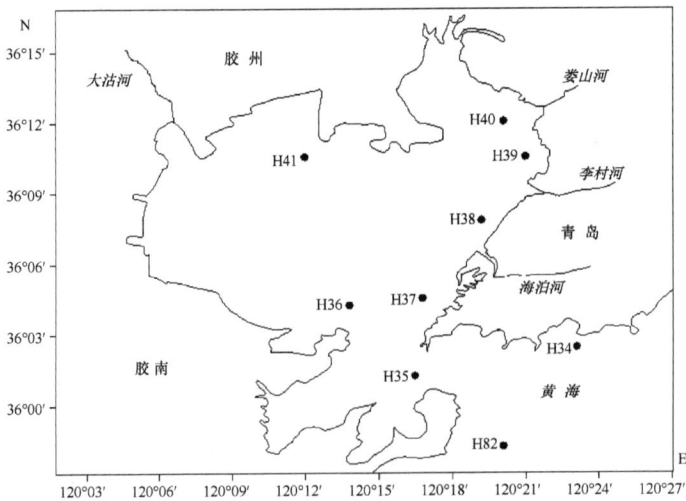

图 6-1　胶州湾调查站位

10 月 3 次进行取样，根据水深取水样（＞10m 时取表层和底层，＜10m 时只取表层）进行调查。按照国家标准方法进行胶州湾水体 Cu 的调查，该方法被收录在国家的《海洋监测规范》（1991 年）中[5]。

6.2　垂　直　分　布

6.2.1　表层季节分布

在胶州湾湾口水域的表层水体中，5 月，水体中 Cu 的表层含量范围为 2.47～20.60μg/L；9 月，水体中 Cu 的表层含量范围为 1.28～4.86μg/L；10 月，水体中 Cu 的表层含量范围为 0.77～2.28μg/L。这表明 5 月、9 月和 10 月，水体中 Cu 的表层含量范围变化比较大，为 0.77～20.60μg/L，Cu 的表层含量由低到高依次为 10 月、9 月、5 月，故得到水体中 Cu 的表层含量由低到高的季节变化为：秋季、夏季、春季。

6.2.2　底层季节分布

在胶州湾湾口水域的底层水体中，5 月，水体中 Cu 的底层含量范围为 0.86～3.95μg/L；9 月，水体中 Cu 的底层含量范围为 1.31～1.90μg/L；10 月，水体中 Cu 的底层含量范围为 0.24～2.00μg/L。这表明 5 月、9 月和 10 月，水体中 Cu 的底层含量范围变化也比较大，为 0.24～3.95μg/L，Cu 的底层含量由低到高依次为 9 月、10 月、5 月，因此，得到水体中底层的 Cu 含量由低到高的季节变化为：夏季、秋季、春季。

6.2.3　表底层水平分布趋势

在胶州湾的湾口水域，从胶州湾接近湾口内的近岸水域站位 H37 到湾口水域站位 H35。

5 月，在表层，Cu 含量沿梯度降低，从 9.48μg/L 降低到 2.94μg/L。在底层，Cu 含量沿梯度降低，从 3.88μg/L 降低到 2.23μg/L。这表明表层、底层的水平分布趋势是一致的。

9 月，在表层，Cu 含量沿梯度上升，从 1.28μg/L 上升到 4.86μg/L。在底层，Cu 含量沿梯度降低，从 1.90μg/L 降低到 1.59μg/L。这表明表层、底层的水平分布趋势是相反的。

10 月，在表层，Cu 含量沿梯度上升，从 1.40μg/L 上升到 2.00μg/L。在底层，Cu 含量沿梯度上升，从 1.45μg/L 上升到 1.78μg/L。这表明表层、底层的水平分布趋势是一致的。

5 月和 10 月，胶州湾湾口水域的水体中，表层 Cu 的水平分布与底层的水平分布趋势是一致的。而 9 月，胶州湾湾口水域的水体中，表层 Cu 的水平分布与底层的水平分布趋势是相反的。

6.2.4 表底层变化范围

在胶州湾湾口水域，5 月，表层 Cu 含量（2.47～20.60μg/L）很高时，其对应的底层含量就很高（0.86～3.95μg/L）。9 月表层含量达到较高（1.28～4.86μg/L）时，其对应的底层含量就较低（1.31～1.90μg/L）。10 月，表层含量达到较低（0.77～2.28μg/L）时，其对应的底层含量就较低（0.24～2.00μg/L）。而且，Cu 的表层含量变化范围（0.77～20.60μg/L）大于底层的含量变化范围（0.24～3.95μg/L），变化量基本一样。因此，Cu 的表层含量高的，对应的底层含量就高；同样，Cu 的表层含量比较高和比较低时，对应的底层含量就低。

6.2.5 表底层垂直变化

5 月、9 月和 10 月，在这些站位：H34、H35、H36、H37、H82，Cu 的表层、底层含量相减，其差为–1.23～16.65μg/L。这表明 Cu 的表层、底层含量都相近。

5 月，Cu 的表层、底层含量差为–0.53～16.65μg/L。在湾口内水域的 H37 站位、在湾口水域的 H35 站位和湾外水域的 H34、H82 站位都为正值，在湾口内水域的 H36 站位为负值。4 个站为正值，1 个站为负值（表 6-1）。

表 6-1 在胶州湾的湾口水域 Cu 的表层、底层含量差

月份 \ 站位	H36	H37	H35	H34	H82
5 月	负值	正值	正值	正值	正值
9 月	正值	负值	正值	正值	正值
10 月	负值	负值	正值	正值	正值

9 月，Cu 的表层、底层含量差为–0.62～3.27μg/L。在湾口内西南部水域、湾口水域、湾口外东北部水域和湾口外南部水域的 H36、H35、H34、H82 站位为正值。在湾口内东北部水域的 H37 站位为负值。4 个站为正值，1 个站为负值（表 6-1）。

10 月，Cu 的表层、底层含量差为–1.23～1.74μg/L。在湾口水域、湾口外东北部水域和湾口外南部水域的 H35、H34 和 H82 站位为正值。在湾口内西南部水域和湾口内东北部水域的 H36 和 H37 站位为负值。3 个站为正值，2 个站为负值（表 6-1）。

6.3　垂直迁移过程

6.3.1　沉降过程

Cu 经过了垂直水体的效应作用[6]，使 Cu 含量发生了很大的变化。Cu 易与海水中的浮游动植物及浮游颗粒结合。在夏季，海洋生物大量繁殖，数量迅速增加[4]，且由于浮游生物的繁殖活动，悬浮颗粒物表面形成胶体，此时的吸附力最强，吸附了大量的 Cu 离子，并将其带入表层水体，由于重力和水流的作用，Cu 不断地沉降到海底[2]。因此，Cu 的迁移过程：Cu 从表层水体不断地沉降到海底。

6.3.2　季节变化过程

在胶州湾湾口水域的表层水体中，5 月，Cu 含量变化从最高值 20.60μg/L 开始，然后逐渐减少，到 9 月达到低值 4.86μg/L，然后继续下降，到了 10 月，则下降到最低值 2.28μg/L。于是，Cu 的表层含量由低到高的季节变化为：秋季、夏季、春季。

这是由于在春季 Cu 含量来自外海海流的输送，含量比较高。到了夏季，Cu 含量是近岸岛尖端的输送，Cu 含量比较低；来自河流输送的 Cu 含量更低，故夏季的 Cu 含量比较低。到了秋季，Cu 来自河流的输送，Cu 含量比较低，到了湾口水域，Cu 含量已经下降许多；来自地表径流的输送，Cu 含量很低，故秋季的 Cu 含量最低。

这表明在胶州湾湾口水域的表层水体中，由于 Cu 离子被吸附于大量悬浮颗粒物表面，在重力和水流的作用下，Cu 不断地沉降到海底。Cu 经过了垂直水体的效应作用[6]，Cu 表层含量的变化决定了底层含量的变化，同时，Cu 在底层含量的累积作用，展示了水体中底层的 Cu 含量由低到高的季节变化为：夏季、秋季、春季。由于在春季 Cu 的表层含量最高，通过 Cu 的沉降，春季底层的 Cu 含量最高。由于夏季、秋季的 Cu 表层含量相近，Cu 不断地沉降到海底，通过 Cu 在底层含量的累积作用，于是秋季底层的 Cu 含量比夏季底层的 Cu 含量高。

6.3.3　空间沉降

空间尺度上，在胶州湾的湾口水域，5 月，Cu 来自外海海流的输送，含量比较高。表层 Cu 的水平分布与底层的水平分布趋势是一致的。这表明由于 Cu 离子被吸附于大量悬浮颗粒物表面，在重力和水流的作用下，Cu 不断地沉降到海底。于是，Cu 含量在表层、底层沿梯度的变化趋势是一致的。到了 9 月，Cu 含量来自外海海流的输送已经结束了，于是，表层 Cu 的水平分布发生了改变，而 Cu 的底层水平分布还是与以前一样，这是由于 Cu 在底层含量的累积作用，于是，胶州湾湾口水域的水体中，表层 Cu 的水平分布与底层的水平分布趋势是相反的。到了 10 月，经过了长时间的变化，在重力和水流的作用下，Cu 不断地沉降到海底，导致 Cu 底层水平分布与表层 Cu 水平分布的变化趋势一致。因此，Cu 含量在输送的作用下，表层、底层的水平分布呈现下降，当输送结束时，表层的水平分布呈现上升，而底层的水平分布依然呈现下降，经过一段时间后，由于表层的水平分布一直呈现上升，就造成了底层的水平分布呈现上升。这就是 Cu 的空间沉降过程。

6.3.4　变化沉降

变化尺度上，在胶州湾的湾口水域，5 月、9 月和 10 月，Cu 含量在表层、底层的变化范围基本一样。而且，Cu 的表层含量高的，对应的底层含量就高；同样，Cu 的表层含量低的，对应的底层含量就低。这展示了 Cu 迅速地、不断地沉降到海底，导致了 Cu 含量在表层、底层含量变化保持了一致性。

6.3.5　垂直沉降

在垂直尺度上，在胶州湾的湾口水域，5 月、9 月和 10 月，当 Cu 含量低时，在垂直水体的效应作用[6]下，Cu 含量几乎没有多少损失；当 Cu 含量高时，在垂直水体的效应作用[6]下，Cu 含量损失非常大。其损失的范围为 0.77–0.24～20.60–3.95μg/L，即为 0.53～16.75μg/L。因此，当 Cu 含量低时，Cu 含量在表层、底层保持了相近。当 Cu 含量高时，Cu 含量在表层、底层相差很大。这展示了 Cu 能够从表层很迅速地被水体带走。在表层、底层 Cu 含量不具有一致性。

6.3.6　区域沉降

区域尺度上，在胶州湾的湾口水域，随着时间的变化，Cu 的表层、底层含量相减，其差也发生了变化，这个差值表明了 Cu 含量在表层、底层的变化。当 Cu 含量向胶州湾输入后，首先到表层，通过 Cu 迅速地、不断地沉降到海底，呈现了 Cu 含量在表层、底层的变化。

5 月，Cu 来自外海海流的输送，含量比较高。从湾外水域到湾口水域，再到湾口内西南部水域呈现了表层的 Cu 含量大于底层的，只有在湾口内东北部水域表层的 Cu 小于底层的。

9 月，Cu 来自近岸岛尖端的输送，含量比较高。从湾外水域到湾口水域，再到湾口内东北部水域呈现了表层的 Cu 含量大于底层的，只有在湾口内西南部水域表层的 Cu 含量小于底层的。

10 月，Cu 来自外海海流的输送，含量比较高。从湾外水域到湾口水域呈现了表层的 Cu 含量大于底层的，而在湾口内东北部水域和西南部水域表层的 Cu 含量小于底层的。

因此，外海海流给胶州湾输送了大量的 Cu，这样，展示了从湾外水域到湾口水域呈现了表层的 Cu 含量大于底层的。在 Cu 不断地沉降到海底的过程中，展示了在湾口内东北部水域或者西南部水域或者东北部水域和西南部水域表层的 Cu 含量小于底层。

6.4　结　　论

Cu 的表层含量由低到高的季节变化为：秋季、夏季、春季，水体中底层的 Cu 含量由低到高的季节变化为：夏季、秋季、春季。这是由于 Cu 经过了垂直水体的效应作用，使 Cu 含量经过水体发生了变化。

空间尺度上，Cu 在输送的作用下，表层、底层的水平分布呈现下降，当输送结束时，表层的水平分布呈现上升，而底层的水平分布呈现依然下降，当经过一段时间后，由于表层的水平分布一直呈现上升，就造成了底层的水平分布呈现上升。这就是 Cu 的空间沉降过程。

变化尺度上，在胶州湾的湾口水域，5 月、9 月和 10 月，Cu 含量在表层、底层的变化范围基本一样。而且，Cu 迅速地、不断地沉降到海底，导致了 Cu 含量在表层、底层含量变化保持了一致性。

垂直尺度上，当 Cu 含量低时，Cu 含量在表层、底层保持了相近。当 Cu 含量高时，Cu 含量在表层、底层相差很大。这展示了 Cu 含量能够从表层很迅速地被水体带走。在表层、底层 Cu 含量不具有一致性。

区域尺度上，外海海流给胶州湾输送了大量的 Cu，这样，展示了从湾外水域到湾口水域呈现了表层的 Cu 含量大于底层的。在 Cu 不断地沉降到海底的过程中，展示了在湾口内东北部水域或者西南部水域或者东北部水域和西南部水域表层的 Cu 含量小于底层的。这也证实了 Cu 的迁移过程和海洋具有均匀性。

在胶州湾的湾口水域，Cu 含量的垂直分布和季节变化展示了水平水体的效应作用和垂直水体的效应作用，也揭示了 Cu 含量的水平迁移过程和垂直沉降过程以及海洋具有的均匀性。

参 考 文 献

[1] Yang D F, Miao Z Q, Song W P, et al. Research on the sources of Cu in Jiaozhou Bay. Advanced Materials Research, 2015, 1092-1093: 1013-1016.

[2] Yang D F, Miao Z Q, Cui W L, et al. Input and transfer processes of Cu in bay waters. Advances in Intelligent Systems Research, 2015: 17-20.

[3] Yang D F, Chen Y, Gao Z H, et al. Silicon limitation on primary production and its destiny in Jiaozhou Bay, China IV Transect offshore the coast with estuaries. Chin J Oceanol Limnol, 2005, 23(1): 72-90.

[4] 杨东方, 王凡, 高振会, 等. 胶州湾浮游藻类生态现象. 海洋科学, 2004, 28(6): 71-74.

[5] 国家海洋局. 海洋监测规范. 北京: 海洋出版社, 1991.

[6] Yang D F, Wang F Y, He H Z, et al. Vertical water body effect of benzene hexachloride. Proceedings of the 2015 international symposium on computers and informatics, 2015: 2655-2660.

[7] 杨东方, 丁咨汝, 郑琳, 等. 胶州湾水域有机农药六六六的分布及均匀性. 海岸工程, 2011, 30(2): 66-74.

第7章 胶州湾水体中铜的水质清洁

7.1 背　景

7.1.1 胶州湾自然环境

胶州湾位于山东半岛南部，其地理位置为东经 120°04′～120°23′，北纬 35°58′～36°18′，以团岛与薛家岛连线为界，与黄海相通，面积约为 446km²，平均水深约 7m，是一个典型的半封闭型海湾。胶州湾入海的河流有十几条，其中径流量和含沙量较大的为大沽河和洋河，青岛市区的海泊河、李村河和娄山河等河流，这些河流均属季节性河流，河水水文特征有明显的季节性变化[1~6]。

7.1.2 数据来源与方法

本研究所使用的 1984 年 7 月、8 月和 10 月胶州湾水体 Cu 的调查资料由国家海洋局北海监测中心提供。7 月、8 月和 10 月，在胶州湾水域设 6 个站位取表层、底层水样：2031、2032、2033、2034、2035、2047（图 7-1）。分别于 1984 年 7

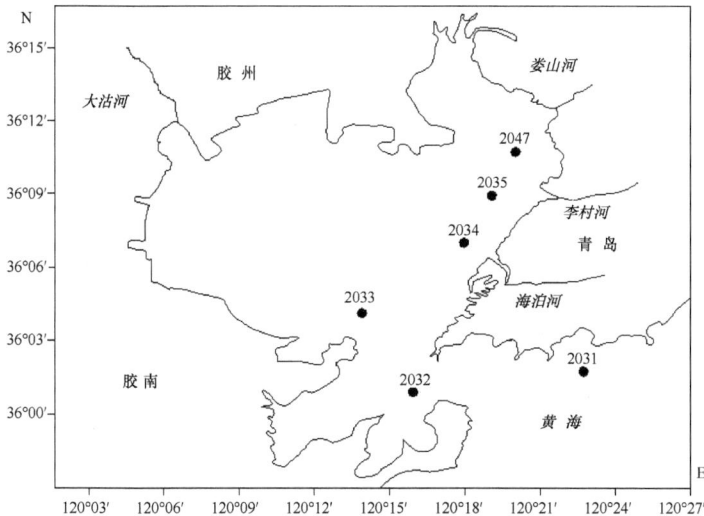

图 7-1　胶州湾调查站位

月、8 月和 10 月 3 次进行取样,根据水深取水样(>10m 时取表层和底层,<10m 时只取表层)进行调查。按照国家标准方法进行胶州湾水体 Cu 的调查,该方法被收录在国家的《海洋监测规范》(1991 年)中[7]。

7.2 水 平 分 布

7.2.1 含 量 大 小

7 月、8 月和 10 月,在胶州湾水域 Cu 含量范围为 0.11~4.00μg/L,符合国家一类海水的水质标准(5.00μg/L)。7 月,胶州湾水域 Cu 含量范围为 0.28~1.88μg/L,符合国家一类海水的水质标准。8 月,胶州湾水域 Cu 含量范围为 1.60~4.00μg/L,符合国家一类海水的水质标准。10 月,胶州湾水域 Cu 含量范围为 0.11~2.00μg/L,符合国家一类海水的水质标准。因此,7 月、8 月和 10 月,Cu 在胶州湾水体中的含量范围为 0.11~4.00μg/L,符合国家一类海水的水质标准。这表明在 Cu 含量方面,7 月、8 月和 10 月,在胶州湾整个水域,水质没有受到 Cu 的任何污染,水质清洁(表 7-1)。

表 7-1 7 月、8 月和 10 月的胶州湾表层水质

项目	7 月	8 月	10 月
海水中 Cu 含量/(μg/L)	0.28~1.88	1.60~4.00	0.11~2.00
国家海水水质标准	一类海水	一类海水	一类海水

7.2.2 表层水平分布

7 月,在胶州湾东北部,海泊河的入海口近岸水域 2034 站位,Cu 的含量达到较高(1.88μg/L),以东北部近岸水域为中心形成了 Cu 的高含量区,形成了一系列不同梯度的平行线。Cu 从中心的高含量(1.88μg/L)沿梯度递减到湾口水域的 0.28μg/L(图 7-2)。

8 月,在胶州湾东北部,李村河的入海口近岸水域 2035 站位,Cu 的含量达到较高(4.00μg/L),以东北部近岸水域为中心形成了 Cu 的高含量区,形成了一系列不同梯度的半个同心圆。Cu 从中心的高含量(4.00μg/L)沿梯度递减到娄山河入海口近岸水域的 1.60μg/L。

10 月,在胶州湾湾外的东部近岸水域 2031 站位,Cu 的含量达到较高(2.00μg/L),以湾外的东部近岸水域为中心形成了 Cu 的高含量区,形成了一系列不同梯度的平行线。Cu 含量从中心的高含量(2.00μg/L)沿梯度递减到湾口水域的 0.90μg/L,其至递减到湾内东北部娄山河入海口近岸水域的 0.11μg/L(图 7-3)。

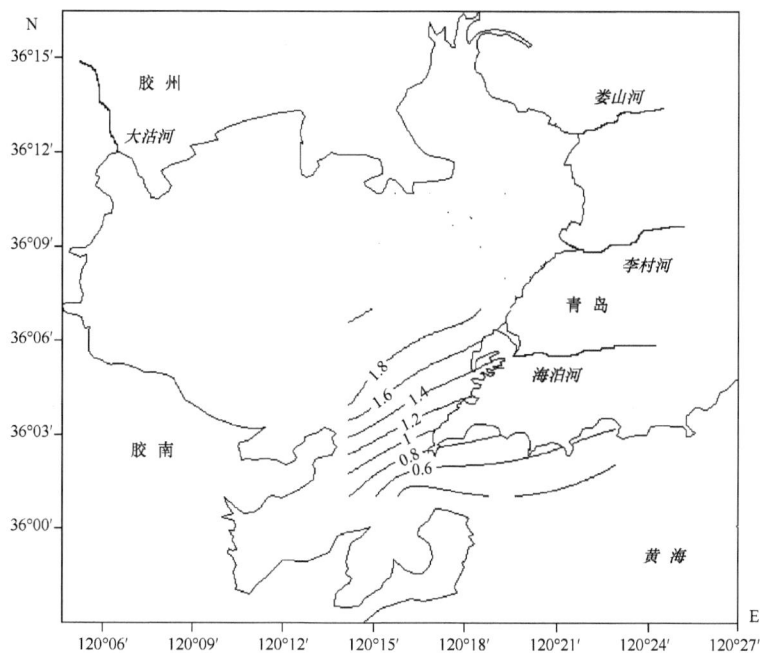

图 7-2　7 月表层 Cu 含量的分布（mg/L）

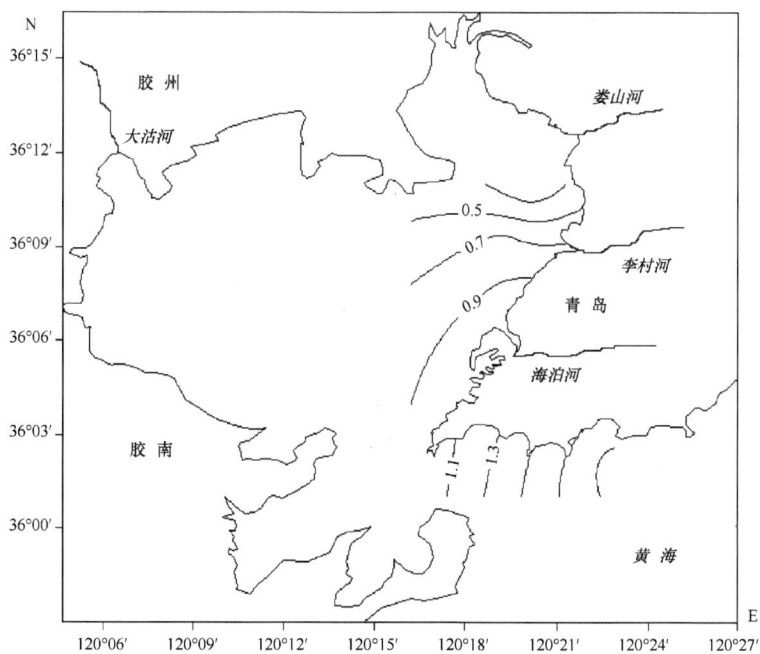

图 7-3　10 月表层 Cu 含量的分布（mg/L）

7.3 来源及输送

7.3.1 水 质

7月、8月和10月，Cu在胶州湾水体中的含量范围为0.11～4.00μg/L，都符合国家一类海水的水质标准（5.00μg/L）。这表明在Cu含量方面，7月、8月和10月，在胶州湾水域，水质清洁，完全没有受到任何污染。

7月，Cu在胶州湾水体中的含量范围为0.28～1.88μg/L，胶州湾水域没有受到Cu的污染。在胶州湾，从湾内到湾口的整个水域，Cu的含量变化范围为1.83～1.88μg/L，这表明胶州湾湾内水质，虽然Cu含量达到比较高，也没有受到Cu的污染。在胶州湾，从湾口到湾外的整个水域，Cu的含量变化范围为0.28～0.40μg/L，这表明胶州湾湾外水质，在Cu含量方面，水质清洁，完全没有受到任何污染。而且其含量非常低，与湾内水质相比，Cu含量低一个量级。

8月，Cu在胶州湾水体中的含量范围为1.60～4.00μg/L，胶州湾水域没有受到Cu的任何污染。在胶州湾，从娄山河的入海口近岸水域到李村河的入海口近岸水域，Cu的含量变化范围为1.60～4.00μg/L，这表明湾内水质，在Cu含量方面，符合国家一类海水的水质标准，水质没有受到任何污染，但其含量相对比较高。

10月，Cu在胶州湾水体中的含量范围为0.11～2.00μg/L，胶州湾水域没有受到Cu的任何污染。在胶州湾，从湾口水域一直到娄山河的入海口近岸水域，Cu含量的变化为0.90μg/L到0.11μg/L，这表明在湾口水域一直到娄山河的入海口近岸水域的水质，在Cu含量方面，符合国家一类海水的水质标准，水质没有受到Cu的任何污染，而且其含量非常低，与湾外水质相比，Cu含量低一个量级。而在湾外水域的水质，Cu含量达到比较高2.00μg/L，在Cu含量方面，符合国家一类海水的水质标准，水质没有受到Cu的污染。

因此，7月和8月，胶州湾湾内水域Cu含量比较高，湾外水域Cu含量比较低。而10月，胶州湾湾内水域Cu含量比较低，湾外水域Cu含量比较高。7月、8月和10月，在胶州湾水域，水质清洁，完全没有受到Cu的任何污染。尤其在7月和8月的湾外以及10月的湾内，Cu含量非常低。

7.3.2 来 源

7月，在胶州湾东北部的水体中，海泊河的入海口近岸水域，形成了Cu的较高含量区，这表明了Cu的来源是河流的较高含量输送，其Cu含量为1.88μg/L。

而且输送的较高含量在减少，使得湾南部的湾口水域其含量降低了许多，为 0.28μg/L。

8 月，在胶州湾东北部的水体中，李村河的入海口近岸水域，形成了 Cu 的较高含量区，这表明了 Cu 的来源是河流的较高含量输送，其 Cu 含量为 4.00μg/L。而且输送的较高含量在减少，到娄山河的入海口近岸水域就递减为 1.60μg/L。

10 月，在胶州湾湾外的东部近岸水域，形成了 Cu 的高含量区（2.00μg/L），这表明在胶州湾水域，Cu 的来源是外海海流的输送，其 Cu 含量为 2.00μg/L。在胶州湾水体中，从外海域通过湾口，沿着从湾外到湾内的海流方向，Cu 含量在不断地递减，到湾口水域递减为 0.90μg/L，甚至递减到湾内东北部，在娄山河的入海口近岸水域为 0.11μg/L。

胶州湾水域 Cu 有两个来源，主要来自河流的输送和外海海流的输送。来自河流输送的 Cu 含量是 1.88～4.00μg/L，来自外海海流输送的 Cu 含量为 2.00μg/L。因此，陆地河流的输送，给胶州湾输送的 Cu 含量都符合国家一类海水的水质标准；外海海流的输送，给胶州湾输送的 Cu 含量也符合国家一类海水的水质标准。这表明河流和外海海流都没有受到 Cu 的任何污染（表 7-2）。

表 7-2 胶州湾不同来源的 Cu 含量

不同来源	河流的输送	外海海流的输送
Cu 含量/（μg/L）	1.88～4.00	2.00

7.4 结 论

7 月、8 月和 10 月，Cu 在胶州湾水体中的含量范围为 0.11～4.00μg/L，都符合国家一类海水的水质标准（5.00μg/L）。这表明在 Cu 含量方面，7 月、8 月和 10 月，在胶州湾的整个水域，水质清洁，完全没有受到任何污染。

胶州湾水域 Cu 有两个来源，主要来自河流的输送和外海海流的输送。来自河流输送的 Cu 含量为 1.88～4.00μg/L，来自外海海流输送的 Cu 含量为 2.00μg/L。这表明河流和外海海流没有受到 Cu 的任何污染。因此，胶州湾及周围的河流和地表都没有受到 Cu 的任何污染，近岸海域也没有受到 Cu 的任何污染。

参 考 文 献

[1] 杨东方, 苗振清. 海湾生态学(上册). 北京: 海洋出版社, 2010: 1-320.

[2] 杨东方, 高振会. 海湾生态学(下册). 北京: 海洋出版社, 2010: 1-330.

[3] Yang D F, Miao Z Q, Song W P, et al. Research on the sources of Cu in Jiaozhou Bay. Advanced Materials

Research, 2015, 1092-1093: 1013-1016.

[4] Yang D F, Miao Z Q, Cui W L, et al. Input and transfer processes of Cu in bay waters. Advances in Intelligent Systems Research, 2015: 17-20.

[5] Yang D F, Chen Y, Gao Z H, et al. Silicon limitation on primary production and its destiny in Jiaozhou Bay, China IV transect offshore the coast with estuaries. Chin J Oceanol Limnol, 2005, 23(1): 72-90.

[6] 杨东方, 王凡, 高振会, 等. 胶州湾浮游藻类生态现象. 海洋科学, 2004, 28(6): 71-74.

[7] 国家海洋局. 海洋监测规范. 北京: 海洋出版社, 1991.

第8章 胶州湾水域铜的不同来源及高沉降率

8.1 背　　景

8.1.1 胶州湾自然环境

胶州湾位于山东半岛南部，其地理位置为东经 120°04′～120°23′，北纬 35°58′～36°18′，以团岛与薛家岛连线为界，与黄海相通，面积约为 446km²，平均水深约 7m，是一个典型的半封闭型海湾。胶州湾入海的河流有十几条，其中径流量和含沙量较大的为大沽河和洋河，青岛市区的海泊河、李村河和娄山河等河流，这些河流均属季节性河流，河水水文特征有明显的季节性变化[1~6]。

8.1.2 数据来源与方法

本研究所使用的 1984 年 7 月、8 月和 10 月胶州湾水体 Cu 的调查资料由国家海洋局北海监测中心提供。7 月、8 月和 10 月，在胶州湾水域设 6 个站位取表层、底层水样：2031、2032、2033、2034、2035、2047（图 8-1）。分别于 1984 年 7

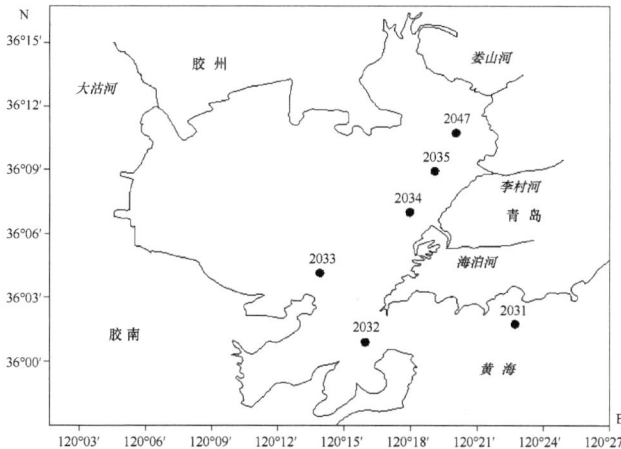

图 8-1　胶州湾调查站位

月、8月和10月3次进行取样,根据水深取水样(>10m时取表层和底层,<10m时只取表层)进行调查。按照国家标准方法进行胶州湾水体 Cu 的调查,该方法被收录在国家的《海洋监测规范》(1991 年)中[7]。

8.2 底层水平分布

8.2.1 底层含量

7月和 10 月,在胶州湾的湾口底层水域,Cu 含量范围为 0.13~2.97μg/L,符合国家一类海水的水质标准(5.00μg/L)。7 月,胶州湾水域 Cu 含量范围为 0.13~2.97μg/L,符合国家一类海水的水质标准。10 月,胶州湾水域 Cu 含量范围为 0.40~0.61μg/L,符合国家一类海水的水质标准。因此,7 月和 10 月,Cu 在胶州湾水体中的含量范围为 0.13~2.97μg/L,符合国家一类海水的水质标准。这表明在 Cu 含量方面,7 月和 10 月,在胶州湾的湾口底层水域,水质没有受到任何污染(表 8-1)。

表 8-1　7 月和 10 月的胶州湾底层水质

项目	7 月	10 月
海水中 Cu 含量/(μg/L)	0.13~2.97	0.40~0.61
国家海水水质标准	一类海水	一类海水

8.2.2 底层水平分布

7月和 10 月,在胶州湾的湾口底层水域,从湾口外侧到湾口,再到湾口内侧,在胶州湾湾口水域的这些站位:2031、2032、2033,Cu 含量有底层的调查。那么 Cu 在底层的水平分布如下。

7月,在胶州湾的湾口底层水域,从湾口到湾口外侧,在胶州湾湾口水域 2032 站位,Cu 的含量达到较高(2.97μg/L),以湾口水域为中心形成了 Cu 的高含量区,形成了一系列不同梯度的平行线。Cu 含量从湾口水域的高含量(2.97μg/L)区向东部到湾外沿梯度递减为 0.13μg/L(图 8-2)。

10月,在胶州湾的湾口底层水域,从湾口外侧到湾口,在胶州湾湾外的东部近岸水域 2031 站位,Cu 的含量达到较高(0.61μg/L),以东部近岸水域为中心形成了 Cu 的高含量区,形成了一系列不同梯度的平行线。Cu 从湾外的高含量(0.61μg/L)区向西部到湾口水域沿梯度递减为 0.40μg/L。

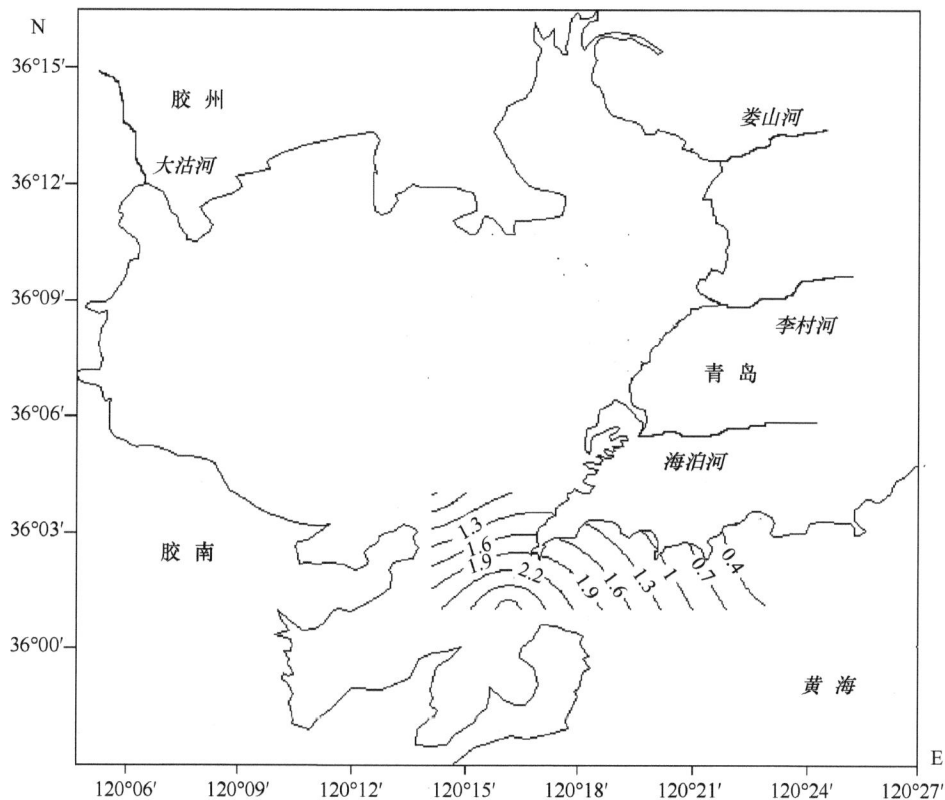

图 8-2　7 月底层 Cu 含量的分布（μg/L）

8.3　不同来源及高沉降率地方

8.3.1　水　　质

在胶州湾水域，Cu 来自地表径流的输送和河流的输送。Cu 先来到水域的表层，然后，从表层穿过水体，来到底层。Cu 经过了垂直水体的效应作用[6]，呈现了 Cu 含量在胶州湾湾口底层水域的变化范围为 0.13～2.97μg/L，这符合国家一类海水的水质标准。尤其在 10 月，Cu 含量都小于 0.61μg/L，这表明 Cu 含量远远低于国家一类海水的水质标准（5.00μg/L），甚至低一个量级。这展示了在 Cu 含量方面，在胶州湾的湾口底层水域，水质没有受到任何污染，尤其在 10 月，在 Cu 含量方面，水质清洁。

8.3.2 迁 移 过 程

在胶州湾，湾内海水经过湾口与外海水交换，物质的浓度不断地降低[7]。

7 月，在胶州湾的湾口底层水域，Cu 含量范围为 0.13～2.97μg/L，与 10 月相比，Cu 含量比较高。从湾口到湾口外侧，Cu 含量从湾口水域到湾外沿梯度递减。展示了：在湾口，Cu 含量的高沉降率；在湾口外侧，Cu 含量的低沉降率。这是由于 Cu 的来源是河流的较高含量输送，其 Cu 含量为 1.88～4.00μg/L。于是，Cu 含量在湾口具有高沉降率，而在湾口外侧具有低沉降率。

10 月，在胶州湾的湾口底层水域，Cu 含量范围为 0.40～0.61μg/L，与 7 月相比，Cu 含量比较低。从湾口到湾口外侧，Cu 含量从湾口水域到湾外沿梯度递增。展示了：在湾口，Cu 含量的低沉降率；在湾口外侧，Cu 含量的高沉降率。这是由于 Cu 的来源是来自外海海流的输送，其 Cu 含量为 2.00μg/L。于是，Cu 含量在湾口具有低沉降率，而在湾口外侧具有高沉降率。

在胶州湾的湾口水域，由于 Cu 含量的来源不同，Cu 含量经过了垂直水体的效应作用[6]，于是，7 月，造成了在湾口水域 Cu 含量的高沉降率，而 10 月，造成了在湾口外侧 Cu 含量的高沉降率。

8.4 结 论

7 月和 10 月，在胶州湾的湾口底层水域，Cu 含量的变化范围为 0.13～2.97μg/L，符合国家一类海水的水质标准。这表明胶州湾水域没有受到任何人为的 Cu 污染。经过垂直水体的效应作用，在 Cu 含量方面，胶州湾的湾口底层水域，水质清洁，没有受到任何污染。

在胶州湾的湾口水域，7 月和 10 月，由于表层水体 Cu 含量的来源不同，造成了 Cu 含量在不同的地方的高沉降率。7 月，来自河流的较高 Cu 含量输送，造成了在湾口水域 Cu 含量的高沉降率。10 月，来自外海海流的低 Cu 含量输送，造成了在湾口外侧 Cu 含量的高沉降率。因此，由于给胶州湾输送的 Cu 含量的来源不同，经过了垂直水体的效应作用，在胶州湾的湾口底层水域的不同地方呈现了 Cu 的高含量区。

参 考 文 献

[1] Yang D F, Miao Z Q, Song W P, et al. Research on the sources of Cu in Jiaozhou Bay. Advanced Materials Research, 2015, 1092-1093: 1013-1016.

[2] Yang D F, Miao Z Q, Cui W L, et al. Input and transfer processes of Cu in bay waters. Advances in Intelligent

Systems Research, 2015: 17-20.

[3] Yang D F, Chen Y, Gao Z H, et al. Silicon limitation on primary production and its destiny in Jiaozhou Bay, China IV transect offshore the coast with estuaries. Chin J Oceanol Limnol, 2005, 23(1): 72-90.

[4] 杨东方, 王凡, 高振会, 等. 胶州湾浮游藻类生态现象. 海洋科学, 2004, 28(6): 71-74.

[5] 国家海洋局. 海洋监测规范. 北京: 海洋出版社, 1991.

[6] Yang D F, Wang F Y, He H Z, et al. Vertical water body effect of benzene hexachloride. Proceedings of the 2015 international symposium on computers and informatics, 2015: 2655-2660.

[7] 杨东方, 苗振清, 徐焕志, 等. 胶州湾海水交换的时间. 海洋环境科学, 2013, 32(3): 373-380.

第9章　胶州湾铜的垂直分布及沉降过程

9.1　背　景

9.1.1　胶州湾自然环境

胶州湾位于山东半岛南部，其地理位置为东经 120°04′～120°23′，北纬 35°58′～36°18′，以团岛与薛家岛连线为界，与黄海相通，面积约为 446km²，平均水深约 7m，是一个典型的半封闭型海湾。胶州湾入海的河流有十几条，其中径流量和含沙量较大的为大沽河和洋河，青岛市区的海泊河、李村河和娄山河等河流，这些河流均属季节性河流，河水水文特征有明显的季节性变化[1~6]。

9.1.2　数据来源与方法

本研究所使用的 1984 年 7 月、8 月和 10 月胶州湾水体 Cu 的调查资料由国家海洋局北海监测中心提供。7 月、8 月和 10 月，在胶州湾水域设 6 个站位取表层、底层水样：2031、2032、2033、2034、2035、2047（图 9-1）。分别于 1984 年 7

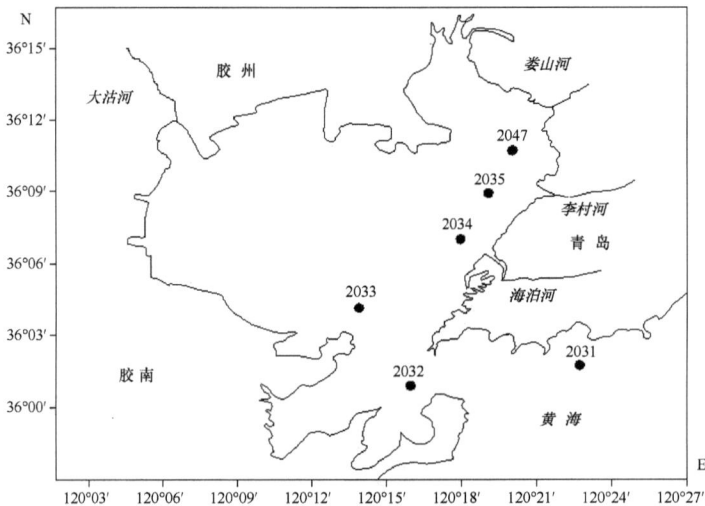

图 9-1　胶州湾调查站位

月、8 月和 10 月 3 次进行取样，根据水深取水样（＞10m 时取表层和底层，＜10m 时只取表层）进行调查。按照国家标准方法进行胶州湾水体 Cu 的调查，该方法被收录在国家的《海洋监测规范》（1991 年）中[7]。

9.2　垂　直　分　布

9.2.1　表层季节分布

在胶州湾湾口水域的表层水体中，7 月和 8 月，水体中 Cu 的表层含量范围为 0.28～4.00μg/L；10 月，水体中 Cu 的表层含量范围为 0.90～2.00μg/L。这表明 7 月、8 月和 10 月，水体中 Cu 的表层含量范围变化比较大，为 0.28～4.00μg/L，故得到水体中 Cu 的表层含量由高到低的季节变化为：夏季、秋季。

9.2.2　底层季节分布

在胶州湾湾口水域的底层水体中，7 月，水体中 Cu 的底层含量范围为 0.13～2.97μg/L；10 月，水体中 Cu 的底层含量范围为 0.40～0.61μg/L。这表明 7 月和 10 月，水体中 Cu 的底层含量范围变化也比较大，为 0.13～2.97μg/L。因此，得到水体中底层的 Cu 含量由高到低的季节变化为：夏季、秋季。

9.2.3　表底层水平分布趋势

在胶州湾的湾口水域，由于在夏季 Cu 含量来自河流的输送，考虑从湾口内侧水域 2033 站位到湾口水域 2032 站位进行分析。

7 月，在表层，Cu 含量沿梯度降低，从 1.83μg/L 降低到 0.28μg/L。在底层，Cu 含量沿梯度上升，从 0.36μg/L 上升到 2.97μg/L。这表明表层、底层的水平分布趋势是相反的。

在胶州湾的湾口水域，由于在秋季 Cu 含量来自外海海流的输送，考虑从胶州湾湾外的东部近岸水域 2031 站位到湾口水域 2032 站位进行分析。

10 月，在表层，Cu 含量沿梯度降低，从 2.00μg/L 降低到 0.90μg/L。在底层，Cu 含量沿梯度下降，从 0.61μg/L 降低到 0.40μg/L。这表明表层、底层的水平分布趋势是一致的。

胶州湾湾口水域的水体中，7 月，表层 Cu 的水平分布与底层的水平分布趋势是相反的。10 月，表层 Cu 的水平分布与底层的水平分布趋势是一致的。

9.2.4 表底层变化范围

在胶州湾的湾口水域，7月，表层含量（0.28～1.83μg/L）较低时，其对应的底层含量就较高（0.13～2.97μg/L）。10月，表层含量达到较高（0.90～2.00μg/L）时，其对应的底层含量就较低（0.40～0.61μg/L）。而且，Cu的表层含量变化范围（0.28～2.00μg/L）小于底层的含量变化范围（0.13～2.97μg/L），变化量基本一样。因此，Cu的表层含量比较低的，其对应的底层含量比较高；同样，Cu的表层含量比较高时，其对应的底层含量反而低。

9.2.5 表底层垂直变化

7月和10月，在这些站位：2031、2032、2033，Cu的表层、底层含量相减，其差为–2.69～1.47μg/L。这表明Cu的表层、底层含量相近。

7月，Cu的表层、底层含量差为–2.69～1.47μg/L。在湾外水域的2031站位和在湾口内水域的2033站位都为正值，只有在湾口水域的2032站位为负值。2个站为正值，1个站为负值（表9-1）。

10月，Cu的表层、底层含量差为0.50～1.39μg/L。在湾口外水域的2031站位和湾口水域的2032站位为正值。2个站为正值（表9-1）。

表9-1 在胶州湾的湾口水域Cu的表层、底层含量差

月份 \ 站位	2033	2032	2031
7月	正值	负值	正值
10月		正值	正值

9.3 时空变化的沉降过程

9.3.1 沉降过程

Cu经过了垂直水体的效应作用[8]，穿过水体后，使Cu含量发生了很大的变化。Cu离子的亲水性强，易与海水中的浮游动植物以及浮游颗粒结合。在夏季，海洋生物大量繁殖，数量迅速增加[6]，且由于浮游生物的繁殖活动，悬浮颗粒物表面形成胶体，此时的吸附力最强，吸附了大量的Cu离子，并将其带入表层水体，由于重力和水流的作用，Cu不断地沉降到海底[3,4]。因此，Cu的迁移过程：Cu从表层水体不断地沉降到海底。

9.3.2　季节变化过程

在胶州湾湾口水域的表层水体中，7 月，Cu 含量变化从较高值（4.00μg/L）开始，然后开始下降，到 10 月达到较低值（2.00μg/L）。于是，Cu 的表层含量由高到低的季节变化为：夏季、秋季。

这是由于在夏季 Cu 含量来自河流的输送，故夏季的含量比较高。到了秋季，Cu 含量来自外海海流的输送，故秋季的 Cu 含量比较低。

这表明在胶州湾湾口水域的表层水体中，由于 Cu 离子被吸附于大量悬浮颗粒物表面，在重力和水流的作用下，Cu 不断地沉降到海底。Cu 经过了垂直水体的效应作用[6]，Cu 表层含量的变化决定了 Cu 底层含量的变化，展示了水体中底层的 Cu 含量由高到低的季节变化为：夏季、秋季。由于 Cu 不断地沉降到海底，于是呈现了表层、底层的 Cu 含量的季节变化是一致的。

9.3.3　空 间 沉 降

空间尺度上，在胶州湾的湾口水域，7 月，Cu 来自河流的输送，含量比较高。表层 Cu 的水平分布与底层的水平分布趋势是相反的。这表明在胶州湾的湾口水域，虽然在水体表层中，呈现了从胶州湾的湾口内水域向湾口水域沿梯度降低，可是，Cu 离子被吸附于大量悬浮颗粒物表面，由于 Cu 含量比较高，在重力和水流的作用下，Cu 沉降到很远的湾口海底，这样，导致了在水体底层中，呈现了从胶州湾的湾口内水域向湾外沿梯度上升。因此，Cu 含量在表层、底层的水平分布趋势是相反的。

10 月，Cu 来自外海海流的输送，含量比较低。表层 Cu 的水平分布与底层的水平分布趋势是一致的。这表明在胶州湾的湾口水域，虽然在水体表层中，呈现了从胶州湾的湾口外水域向湾口沿梯度下降。Cu 离子被吸附于大量悬浮颗粒物表面，由于 Cu 含量比较低，在重力和水流的作用下，Cu 沉降到很近的湾口海底，这样，导致了在水体底层中，呈现了从胶州湾的湾口外水域向湾口水域沿梯度下降。因此，Cu 含量在表层、底层的水平分布趋势是一致的。

表层水体中 Cu 含量的高低值不同，展示了在表层、底层的水平分布趋势变化。当 Cu 含量比较高时，Cu 在表层、底层的水平分布趋势是相反的；Cu 含量比较低时，Cu 在表层、底层的水平分布趋势是一致的。这就是 Cu 的空间沉降过程。

9.3.4 变 化 沉 降

变化尺度上，在胶州湾的湾口水域，7月和10月，Cu含量在表层、底层的变化量范围基本一样。可是，Cu的表层含量比较低的，对应的底层含量就比较高；同样，Cu的表层含量比较低的，对应的底层含量就比较高。这Cu可能是受到了生物的吸收和颗粒的吸附，而没有迅速地沉降到海底，导致了Cu在表层、底层含量变化上具有不一致性。

9.3.5 区 域 沉 降

区域尺度上，在胶州湾的湾口水域，随着时间的变化，Cu的表层、底层含量相减，其差也发生了变化，这个差值表明了Cu含量在表层、底层的变化。当Cu向胶州湾输入后，首先到表层，通过不断地沉降到海底，呈现了它在表层、底层的变化。

7月，Cu来自河流的输送，含量比较高。从湾内水域到湾口水域呈现了表层的Cu含量大于底层的，而在湾口外水域表层的Cu含量小于底层的，再从湾口水域到湾外水域呈现了表层的Cu含量大于底层的。

10月，Cu来自外海海流的输送，含量比较低。从湾外水域到湾口水域呈现了表层的Cu含量大于底层的。

7月，河流给胶州湾输送了高含量Cu，高含量Cu在水体表层沿着湾内水域到达湾口水域，展示了大量的Cu沉降到湾口水域。湾口水域是Cu高沉降的地方。10月，外海海流给胶州湾输送了低含量Cu，低含量Cu在水体表层沿着湾外水域到达湾口水域，没有高沉降的地方。

9.4 结　　论

Cu的表层含量由高到低的季节变化为：夏季、秋季。水体中底层的Cu含量由高到低的季节变化也为：夏季、秋季。经过垂直水体的效应作用，Cu从表层水体不断地沉降到海底，使表层、底层的Cu含量的季节变化一致。

空间尺度上，水体表层中Cu含量的高低值不同，展示了在表层、底层的水平分布趋势变化。当Cu含量比较高时，Cu在表层、底层的水平分布趋势是相反的；Cu含量比较低时，Cu在表层、底层的水平分布趋势是一致的。这就是Cu的空间沉降过程。

变化尺度上，在胶州湾的湾口水域，7月和10月，Cu含量在表层、底层的变化量范围基本一样。然而，可能 Cu 受到了生物的吸收和颗粒的吸附，没有迅速地沉降到海底，导致了 Cu 含量在表层、底层含量变化上具有不一致性。

区域尺度上，7 月，河流给胶州湾输送了高含量 Cu，湾口水域是 Cu 含量高沉降的地方。10 月，外海海流给胶州湾输送了低含量 Cu，沿着湾外水域到达湾口水域都没有 Cu 高沉降的地方。

参 考 文 献

[1] 杨东方, 苗振清. 海湾生态学(上册). 北京: 海洋出版社, 2010: 1-320.

[2] 杨东方, 高振会. 海湾生态学(下册). 北京: 海洋出版社, 2010: 1-330.

[3] Yang D F, Miao Z Q, Song W P, et al. Research on the sources of Cu in Jiaozhou Bay. Advanced Materials Research, 2015, 1092-1093: 1013-1016.

[4] Yang D F, Miao Z Q, Cui W L, et al. Input and transfer processes of Cu in bay waters. Advances in Intelligent Systems Research, 2015: 17-20.

[5] Yang D F, Chen Y, Gao Z H, et al. Silicon limitation on primary production and its destiny in Jiaozhou Bay, China IV transect offshore the coast with estuaries. Chin J Oceanol Limnol, 2005, 23(1): 72-90.

[6] 杨东方, 王凡, 高振会, 等. 胶州湾浮游藻类生态现象. 海洋科学, 2004, 28(6): 71-74.

[7] 国家海洋局. 海洋监测规范. 北京: 海洋出版社, 1991.

[8] Yang D F, Wang F Y, He H Z, et al. Vertical water body effect of benzene hexachloride. Proceedings of the 2015 international symposium on computers and informatics, 2015: 2655-2660.

第 10 章 胶州湾及外海的铜含量基础本底值

10.1 背 景

10.1.1 胶州湾自然环境

胶州湾位于山东半岛南部,其地理位置为东经 120°04′~120°23′,北纬 35°58′~36°18′,以团岛与薛家岛连线为界,与黄海相通,面积约为 446km²,平均水深约 7m,是一个典型的半封闭型海湾。胶州湾入海的河流有十几条,其中径流量和含沙量较大的为大沽河和洋河,青岛市区的海泊河、李村河和娄山河等河流,这些河流均属季节性河流,河水水文特征有明显的季节性变化[1~7]。

10.1.2 数据来源与方法

本研究所使用的 1985 年 4 月、7 月和 10 月胶州湾水体 Cu 的调查资料由国家海洋局北海监测中心提供。4 月、7 月和 10 月,在胶州湾水域设 6 个站位取表层、底层水样:2031、2032、2033、2034、2035、2047(图 10-1)。分别于 1985 年 4

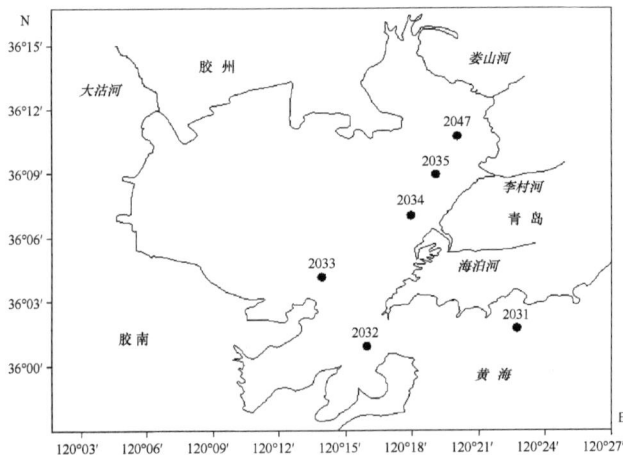

图 10-1 胶州湾调查站位

月、7 月和 10 月 3 次进行取样，根据水深取水样（＞10m 时取表层和底层，＜10m 时只取表层）进行调查。按照国家标准方法进行胶州湾水体 Cu 的调查，该方法被收录在国家的《海洋监测规范》（1991 年）中[8]。

10.2　水　平　分　布

10.2.1　含　量　大　小

4 月、7 月和 10 月，在胶州湾水域 Cu 含量范围为 0.10～0.43μg/L，符合国家一类海水的水质标准（5.00μg/L）。4 月，胶州湾水域 Cu 含量范围为 0.11～0.43μg/L，符合国家一类海水的水质标准。7 月，胶州湾水域 Cu 含量范围为 0.10～0.38μg/L，符合国家一类海水的水质标准。10 月，胶州湾水域 Cu 含量范围为 0.18～0.39μg/L，符合国家一类海水的水质标准。因此，4 月、7 月和 10 月，Cu 在胶州湾水体中的含量范围为 0.10～0.43μg/L，符合国家一类海水的水质标准。这表明在 Cu 含量方面，4 月、7 月和 10 月，在胶州湾整个水域，水质没有受到任何污染，水质清洁（表 10-1）。

表 10-1　4 月、7 月和 10 月的胶州湾表层水质

项目	4 月	7 月	10 月
海水中 Cu 含量/（μg/L）	0.11～0.43	0.10～0.38	0.18～0.39
国家海水水质标准	一类海水	一类海水	一类海水

10.2.2　表层水平分布

4 月，在胶州湾东北部，李村河的入海口近岸水域 2035 站位，Cu 的含量达到较高（0.43μg/L），以东北部近岸水域为中心形成了 Cu 的高含量区，形成了一系列不同梯度的半个同心圆。Cu 含量从中心的高含量（0.43μg/L）沿梯度递减到胶州湾西南部近岸水域的 0.11μg/L（图 10-2）。在胶州湾湾外的东部近岸水域 2031 站位，Cu 的含量达到较高（0.39μg/L），以湾外的东部近岸水域为中心形成了 Cu 的高含量区，形成了一系列不同梯度的平行线。Cu 含量从中心的高含量（0.39μg/L）沿梯度递减到胶州湾西南部近岸水域的 0.11μg/L（图 10-2）。

7 月，在胶州湾东北部，海泊河的入海口近岸水域 2034 站位，Cu 的含量达到较高（0.38μg/L），以东北部近岸水域为中心形成了 Cu 的高含量区，形成了一系列不同梯度的平行线。Cu 含量从中心的高含量（0.38μg/L）沿梯度递减到湾口水域的 0.22μg/L（图 10-3），甚至递减到湾外水域的 0.10μg/L（图 10-3）。

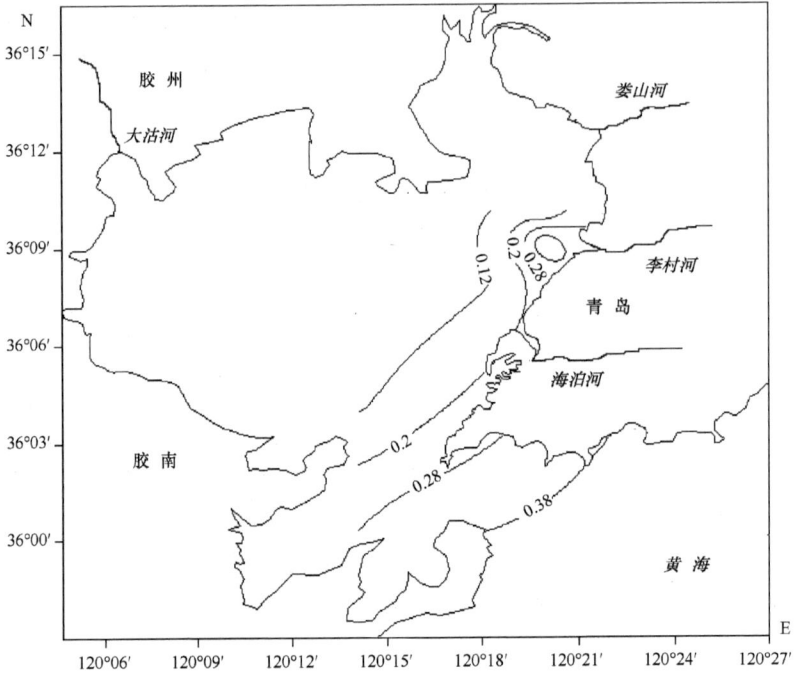

图 10-2 4 月表层 Cu 含量的分布（μg/L）

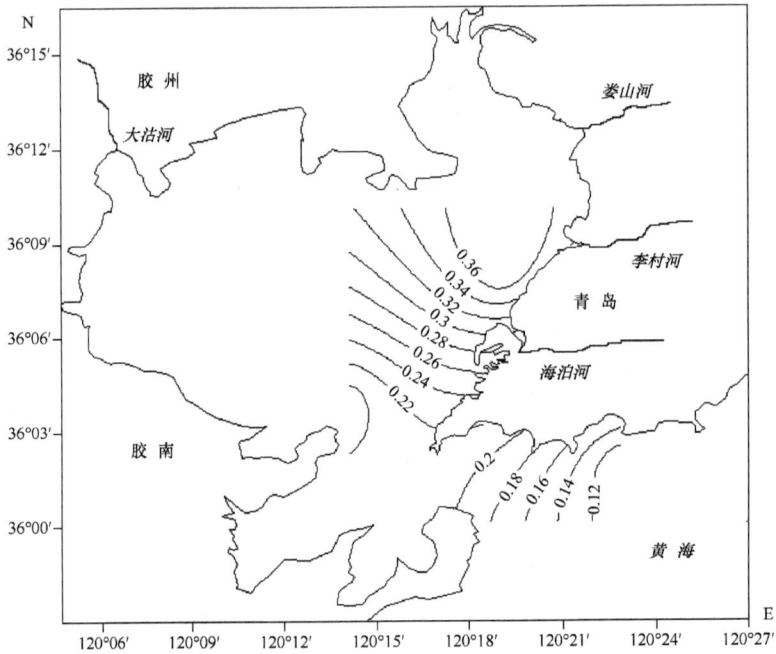

图 10-3 7 月表层 Cu 含量的分布（μg/L）

10 月，在胶州湾湾外的东部近岸水域 2031 站位，Cu 的含量达到较高（0.39μg/L），以湾外的东部近岸水域为中心形成了 Cu 的高含量区，形成了一系列不同梯度的平行线。Cu 含量从中心的高含量（0.39μg/L）沿梯度递减到胶州湾西南部近岸水域的 0.18μg/L（图 10-4）。

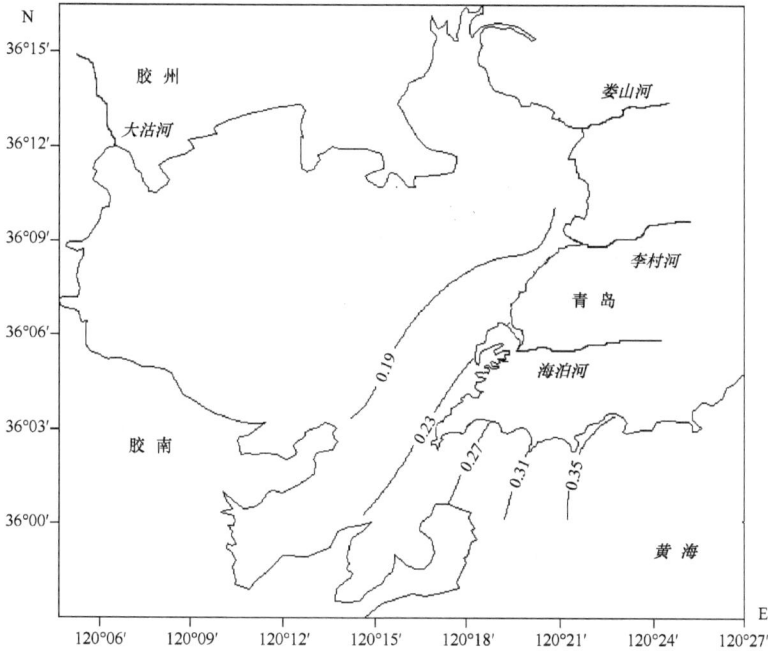

图 10-4　10 月表层 Cu 含量的分布（μg/L）

10.3　基础本底值

10.3.1　水　　质

4 月、7 月和 10 月，Cu 在胶州湾水体中的含量范围为 0.10～0.43μg/L，符合国家一类海水的水质标准。这表明在 Cu 含量方面，4 月、7 月和 10 月，在胶州湾整个水域，水质清洁，完全没有受到 Cu 的任何污染。

4 月，Cu 在胶州湾水体中的含量范围为 0.11～0.43μg/L，胶州湾水域没有受到 Cu 的污染。在胶州湾，从湾口到湾外的整个水域，Cu 的含量变化范围为 0.36～0.39μg/L，这表明从胶州湾口到湾外水质，Cu 含量比较高。在李村河的入海口近岸水域，Cu 含量达到了比较高，为 0.43μg/L，而在胶州湾的其他水域 Cu 含量比较低，为 0.11～0.13μg/L。那么，在湾内，小部分水域 Cu 含量比较高。而在湾口及湾外，整个水域 Cu 含量比较高。

7 月，Cu 在胶州湾水体中的含量范围为 0.10～0.38μg/L，胶州湾水域没有受到 Cu 的污染。在胶州湾，从湾西南部近岸水域到湾外的整个水域，Cu 的含量变化范围为 0.10～0.22μg/L，这表明从胶州湾西南部到湾外水质，Cu 含量比较低。在海泊河、李村河和娄山河的入海口近岸水域，Cu 含量比较高，为 0.37～0.38μg/L。因此，在湾的东北部及东部水域，Cu 含量比较高。然而，在湾西南及湾外，整个水域 Cu 含量比较低。

10 月，Cu 在胶州湾水体中的含量范围为 0.18～0.39μg/L，胶州湾水域没有受到 Cu 的污染。在胶州湾的整个水域，Cu 的含量变化范围为 0.18～0.20μg/L，这表明在胶州湾的整个水域，Cu 含量比较低，而且分布均匀。在胶州湾，从湾口到湾外的整个水域，Cu 的含量变化范围为 0.25～0.39μg/L，这表明从胶州湾的湾口到湾外水质，Cu 含量比较高。

4 月、7 月和 10 月，在胶州湾的整个水域，Cu 的含量变化范围为 0.10～0.43μg/L，这表明胶州湾的水质，在 Cu 含量方面，水质清洁，完全没有受到任何污染。而且其含量非常低，与国家一类海水的水质标准（5.00μg/L）相比，Cu 含量低一个量级。

10.3.2 来　源

4 月，在胶州湾东北部的水体中，李村河的入海口近岸水域，形成了 Cu 的高含量区，这表明了 Cu 的来源是河流的输送，其 Cu 含量为 0.43μg/L，而且输送的含量比较高。在胶州湾湾外的东部近岸水域，形成了 Cu 的高含量区（0.39μg/L），在胶州湾水体中，从外海域通过湾口，沿着湾外到湾内的海流方向，Cu 含量在不断地递减，这表明在胶州湾水域，Cu 的来源是外海海流的输送，其 Cu 含量为 0.39μg/L。

7 月，在胶州湾东北部的水体中，海泊河、李村河和娄山河的入海口近岸水域，形成了 Cu 的高含量区，这表明了 Cu 的来源是河流的输送，其 Cu 含量为 0.37～0.38μg/L，而且输送的含量比较高。

10 月，在胶州湾湾外的东部近岸水域，形成了 Cu 的高含量区（0.39μg/L），在胶州湾水体中，从外海域通过湾口，沿着从湾外到湾内的海流方向，Cu 含量在不断地递减，这表明在胶州湾水域，Cu 的来源是来自外海海流的输送，其 Cu 含量为 0.39μg/L。

胶州湾水域 Cu 有两个来源，主要是河流的输送和外海海流的输送。来自河流输送的 Cu 含量为 0.37～0.43μg/L，来自外海海流输送的 Cu 含量为 0.39μg/L。

因此，河流和外海海流给胶州湾输送的 Cu 含量都远远小于国家一类海水的水质标准（5.00μg/L）。对此，河流和外海海流都没有受到任何 Cu 的污染（表 10-2）。

表 10-2 胶州湾不同来源的 Cu 含量

不同来源	外海海流的输送	河流的输送
Cu 含量/（μg/L）	0.39	0.37～0.43

10.3.3 胶州湾及外海的 Cu 含量基础本底值

胶州湾水域 Cu 有两个来源，主要来自河流的输送和外海海流的输送。

4 月和 7 月，来自河流输送的 Cu 含量为 0.37～0.43μg/L。4 月和 10 月，来自外海海流输送的 Cu 含量都为 0.39μg/L。这揭示了河流输送的 Cu 含量变化范围包含了外海海流输送的 Cu 含量变化范围，那么，河流向海洋输送的 Cu 含量，对于海洋所具有的 Cu 含量有很大的影响。

4 月和 10 月，来自外海海流输送的 Cu 含量都为 0.39μg/L。这表明外海海流输送的 Cu 含量即使来自不同的月份，时间相差几乎是半年，可是来自外海海流输送的 Cu 含量却是一致的。这表明在海洋水体中的 Cu 含量并不随着时间在变化，海洋水体中的 Cu 含量的基础本底值是 0.39μg/L。

7 月，在胶州湾，从湾西南部近岸水域到湾外的整个水域，没有任何 Cu 的来源，Cu 的含量变化范围为 0.10～0.22μg/L，Cu 在水体中的分布是均匀的。10 月，在胶州湾的整个水域，没有任何 Cu 的来源，Cu 的含量变化范围为 0.18～0.20μg/L，Cu 在水体中的含量分布是均匀的。因此，7 月和 10 月，当没有 Cu 的来源时，Cu 含量达到最低，为 0.10～0.22μg/L，而且，Cu 在水体中的分布是均匀的。这表明在胶州湾水体中的 Cu 含量的基础本底值是 0.10～0.22μg/L。

10.4 结 论

4 月、7 月和 10 月，Cu 在胶州湾水体中的含量范围为 0.10～0.43μg/L，符合国家一类海水的水质标准。这表明在 Cu 含量方面，4 月、7 月和 10 月，在胶州湾整个水域，水质清洁，完全没有受到 Cu 的任何污染。

胶州湾水域 Cu 有两个来源，主要是河流的输送和外海海流的输送。来自河流输送的 Cu 含量为 0.37～0.43μg/L，来自外海海流输送的 Cu 含量为 0.39μg/L。这表明河流和外海海流给胶州湾输送的 Cu 含量都远远小于国家一类海水的水质标准（5.00μg/L）。对此，河流和外海海流都没有受到任何 Cu 的污染。

河流向海洋输送的 Cu，对于海洋所具有的 Cu 含量有很大的影响。海洋水体中的 Cu 含量的基础本底值是 0.39μg/L。在胶州湾水体中的 Cu 含量的基础本底值是 0.10～0.22μg/L。

笔者认为，Cu 含量在海洋水体中是固有存在的。

参 考 文 献

[1] Yang D F, Miao Z Q, Song W P, et al. Research on the sources of Cu in Jiaozhou Bay. Advanced Materials Research, 2015, 1092-1093: 1013-1016.

[2] Yang D F, Miao Z Q, Cui W L, et al. Input and transfer processes of Cu in bay waters. Advances in Intelligent Systems Research, 2015: 17-20.

[3] Yang D F, Wang F Y, Zhu S X, et al. A research on the vertical transfer process of Cu in Jiaozhou Bay. Advances in Engineering Research, 2015, 31: 1284-1287.

[4] Yang D F, Zhu S X, Wu Y J, et al. Aggregation, divergence and homogeneity of Cu in Marine bay bottom waters. Advances in Engineering Research, 2015, 31: 1288-1291.

[5] Yang D F, Zhu S X, Wang F Y, et al. The impact of marine current to Cu contents in Jiaozhou Bay. Advances in Computer Science Research, 2015: 1765-1769.

[6] Yang D F, Chen Y, Gao Z H, et al. Silicon limitation on primary production and its destiny in Jiaozhou Bay, China Ⅳ transect offshore the coast with estuaries. Chin J Oceanol Limnol, 2005, 23(1): 72-90.

[7] 杨东方, 王凡, 高振会, 等. 胶州湾浮游藻类生态现象. 海洋科学, 2004, 28(6): 71-74.

[8] 国家海洋局. 海洋监测规范. 北京: 海洋出版社, 1991.

第11章 胶州湾铜的高沉降地方

11.1 背 景

11.1.1 胶州湾自然环境

胶州湾位于山东半岛南部，其地理位置为东经 120°04′～120°23′，北纬 35°58′～36°18′，以团岛与薛家岛连线为界，与黄海相通，面积约为 446km²，平均水深约 7m，是一个典型的半封闭型海湾。胶州湾入海的河流有十几条，其中径流量和含沙量较大的为大沽河和洋河，青岛市区的海泊河、李村河和娄山河等河流，这些河流均属季节性河流，河水水文特征有明显的季节性变化[1~7]。

11.1.2 数据来源与方法

本研究所使用的 1985 年 4 月、7 月和 10 月胶州湾水体 Cu 的调查资料由国家海洋局北海监测中心提供。4 月、7 月和 10 月，在胶州湾水域设 6 个站位取表层、底层水样：2031、2032、2033、2034、2035、2047（图 11-1）。分别于 1985 年 4 月、

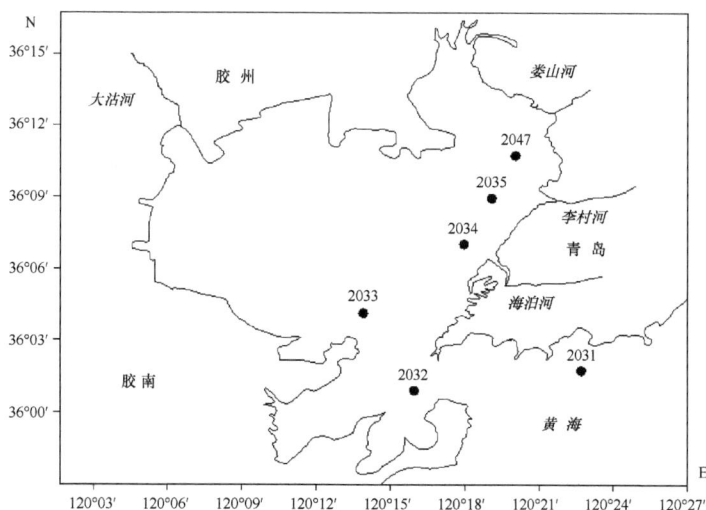

图 11-1 胶州湾调查站位

7月和10月3次进行取样，根据水深取水样（＞10m 时取表层和底层，＜10m 时只取表层）进行调查。按照国家标准方法进行胶州湾水体 Cu 的调查，该方法被收录在国家的《海洋监测规范》（1991年）中[8]。

11.2 底层水平分布

11.2.1 底层含量大小

4月、7月和10月，在胶州湾的湾口底层水域，Cu 含量的变化范围为 0.10～0.42μg/L，符合国家一类海水的水质标准（5.00μg/L）。4月，胶州湾水域 Cu 含量范围为 0.10～0.12μg/L，符合国家一类海水的水质标准。7月，胶州湾水域 Cu 含量范围为 0.19～0.42μg/L，符合国家一类海水的水质标准。10月，胶州湾水域 Cu 含量范围为 0.19～0.30μg/L，符合国家一类海水的水质标准。因此，4月、7月和10月，Cu 在胶州湾水体中的含量范围为 0.10～0.42μg/L，符合国家一类海水的水质标准。这表明在 Cu 含量方面，4月、7月和10月，在胶州湾的湾口底层水域，Cu 含量比较低，水质清洁，完全没有受到 Cu 的任何污染（表 11-1）。

表 11-1　4月、7月和10月的胶州湾底层水质

项目	4月	7月	10月
海水中 Cu 含量/（μg/L）	0.10～0.12	0.19～0.42	0.19～0.30
国家海水水质标准	一类海水	一类海水	一类海水

11.2.2 底层水平分布

4月、7月和10月，在胶州湾的湾口底层水域，从湾口外侧到湾口，再到湾口内侧，在胶州湾的湾口水域的这些站位：2031、2032、2033，Cu 含量有底层的调查。Cu 在底层的含量水平分布如下。

4月，在胶州湾的湾口底层水域，从湾口外侧到湾口，在胶州湾湾外的东部近岸水域 2031 站位，Cu 的含量达到较高（0.12μg/L），以东部近岸水域为中心形成了 Cu 的高含量区，形成了一系列不同梯度的平行线。Cu 从湾外的高含量（0.12μg/L）区向西部到湾口水域沿梯度递减为 0.10μg/L（图 11-2）。

7月，在胶州湾的湾口底层水域，从湾口到湾口外侧，在胶州湾湾口水域 2032 站位，Cu 的含量达到很高（0.42μg/L），以湾口水域为中心形成了 Cu 的高含量区，形成了一系列不同梯度的平行线。Cu 含量从湾口水域的高含量（0.42μg/L）区向东部到湾外沿梯度递减为 0.19μg/L（图 11-3）。

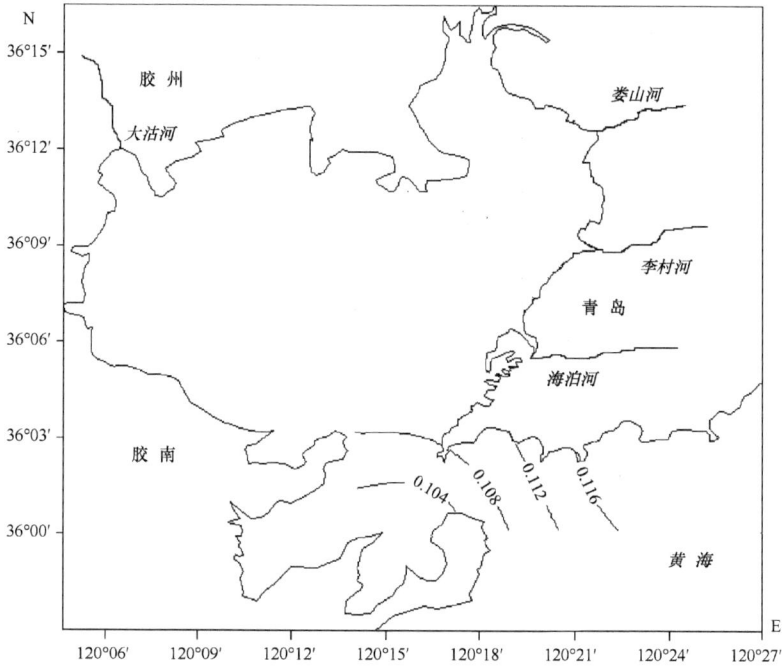

图 11-2　4 月底层 Cu 含量的分布（μg/L）

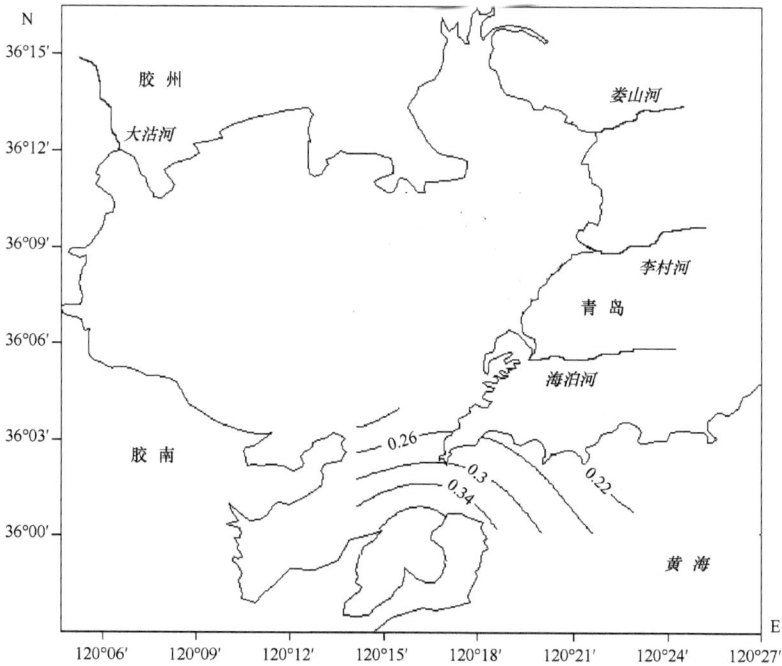

图 11-3　7 月底层 Cu 含量的分布（μg/L）

　　10 月，在胶州湾的湾口底层水域，从湾口外侧到湾口，在胶州湾湾外的东部近岸水域 2031 站位，Cu 的含量达到较高（0.30μg/L），以东部近岸水域为中心形成了 Cu 的高含量区，形成了一系列不同梯度的平行线。Cu 含量从湾外的高含量（0.30μg/L）区向西部到湾口水域沿梯度递减为 0.19μg/L（图 11-4）。

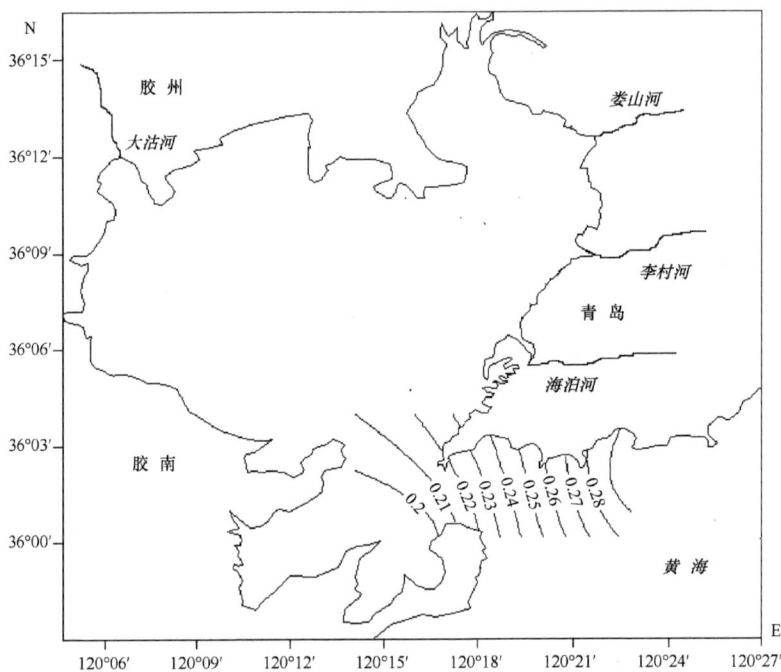

图 11-4　10 月底层 Cu 含量的分布（μg/L）

11.3　垂直迁移过程

11.3.1　水　　质

　　在胶州湾水域，Cu 是来自河流的输送和外海海流的输送。Cu 先来到水域的表层，然后从表层穿过水体，来到底层，经过了垂直水体的效应作用[9]，呈现了 Cu 含量在胶州湾的湾口底层水域变化范围为 0.10～0.42μg/L，这符合国家一类海水的水质标准，尤其 4 月，Cu 含量都小于 0.12μg/L。这表明了 Cu 含量远远低于国家一类海水的水质标准（5.00μg/L），甚至低一个量级。这展示了在 Cu 含量方面，在胶州湾的湾口底层水域，水质没有受到 Cu 的任何污染，尤其 4 月，在 Cu 含量方面，水质清洁。

11.3.2　垂直迁移过程

在胶州湾，湾内海水经过湾口与外海海水交换，物质的浓度不断降低[10,11]。

4 月，在胶州湾的湾口底层水域，Cu 含量范围为 0.10～0.12μg/L，Cu 含量比较低。从湾口到湾口外侧，Cu 含量从湾口水域到湾外沿梯度递增。展示了：在湾口，Cu 含量的低沉降率；在湾口外侧，Cu 含量的高沉降率。这是由于 Cu 的来源是来自外海海流的输送，其 Cu 含量为 0.39μg/L。于是，Cu 含量在湾口具有低沉降率，而在湾口外侧具有高沉降率。

7 月，在胶州湾的湾口底层水域，Cu 含量范围为 0.19～0.42μg/L，Cu 含量比较高。从湾口到湾口外侧，Cu 含量从湾口水域到湾外沿梯度递减。展示了：在湾口，Cu 含量的高沉降率；在湾口外侧，Cu 含量的低沉降率。这是由于 Cu 的来源是河流的较高含量输送，其 Cu 含量为 0.37～0.43μg/L。于是，Cu 在湾口具有高沉降率，而在湾口外侧具有低沉降率。

10 月，在胶州湾的湾口底层水域，Cu 含量范围为 0.19～0.30μg/L，Cu 含量比较低。从湾口到湾口外侧，Cu 含量从湾口水域到湾外沿梯度递增。展示了：在湾口，Cu 含量的低沉降率；在湾口外侧，Cu 含量的高沉降率。这是由于 Cu 的来源是外海海流的输送，其 Cu 含量为 0.39μg/L。于是，Cu 在湾口具有低沉降率，而在湾口外侧具有高沉降率。

在胶州湾的湾口水域，由于 Cu 的来源不同，Cu 经过了垂直水体的效应作用[9]，造成了 Cu 的高沉降率在不同的地方出现。因此，7 月，Cu 的来源是来自河流，于是，在湾口水域，Cu 具有高沉降。而 4 月和 10 月，Cu 的来源是来自外海海流，于是，在湾口外侧，Cu 具有高沉降。

11.4　结　　论

4 月、7 月和 10 月，在胶州湾的湾口底层水域，Cu 含量的变化范围为 0.10～0.42μg/L，符合国家一类海水的水质标准。这表明湾口底层水域没有受到任何人为的 Cu 污染。因此，经过垂直水体的效应作用，在 Cu 含量方面，胶州湾湾口底层水域的水质清洁，没有受到任何污染。

在胶州湾的湾口水域，4 月、7 月和 10 月，由于表层水体 Cu 的来源不同，造成了 Cu 在不同的地方的高沉降。7 月，Cu 含量来源是河流的输送，于是，造成了在湾口水域，Cu 具有高沉降。4 月和 10 月，Cu 来源是外海海流的输送，于是，造成了在湾口外侧，Cu 具有高沉降。因此，由于给胶州湾输送的 Cu 的来源不同，经过了垂直水体的效应作用，在胶州湾的湾口底层水域的不同地方呈现了

Cu 的高含量区。

参 考 文 献

[1] Yang D F, Miao Z Q, Song W P, et al. Research on the sources of Cu in Jiaozhou Bay. Advanced Materials Research, 2015, 1092-1093: 1013-1016.

[2] Yang D F, Miao Z Q, Cui W L, et al. Input and transfer processes of Cu in bay waters. Advances in Intelligent Systems Research, 2015: 17-20.

[3] Yang D F, Wang F Y, Zhu S X, et al. A research on the vertical transfer process of Cu in Jiaozhou Bay. Advances in Engineering Research, 2015, 31: 1284-1287.

[4] Yang D F, Zhu S X, Wu Y J, et al. Aggregation, divergence and homogeneity of Cu in Marine bay bottom waters. Advances in Engineering Research, 2015, 31: 1288-1291.

[5] Yang D F, Zhu S X, Wang F Y, et al. The impact of marine current to Cu contents in Jiaozhou Bay. Advances in Computer Science Research, 2015: 1765-1769.

[6] Yang D F, Chen Y, Gao Z H, et al. Silicon limitation on primary production and its destiny in Jiaozhou Bay, China IV transect offshore the coast with estuaries. Chin J Oceanol Limnol, 2005, 23(1): 72-90.

[7] 杨东方, 王凡, 高振会, 等. 胶州湾浮游藻类生态现象. 海洋科学, 2004, 28(6): 71-74.

[8] 国家海洋局. 海洋监测规范. 北京: 海洋出版社, 1991.

[9] Yang D F, Wang F Y, He H Z, et al. Vertical water body effect of benzene hexachloride. Proceedings of the 2015 international symposium on computers and informatics, 2015: 2655-2660.

[10] 杨东方, 苗振清, 徐焕志, 等. 胶州湾海水交换的时间. 海洋环境科学, 2013, 32(3): 373-380.

[11] Yang D F, Wu Y F, Wang L, et al. Principle and application of tank water exchange. 2014 IEEE workshop on electronics, computer and applications, Part C, 2014: 1008-1011.

第 12 章　胶州湾铜的垂直分布规律

12.1　背　　景

12.1.1　胶州湾自然环境

胶州湾位于山东半岛南部，其地理位置为东经 120°04′~120°23′，北纬 35°58′~36°18′，以团岛与薛家岛连线为界，与黄海相通，面积约为 446km²，平均水深约 7m，是一个典型的半封闭型海湾。胶州湾入海的河流有十几条，其中径流量和含沙量较大的为大沽河和洋河，青岛市区的海泊河、李村河和娄山河等河流，这些河流均属季节性河流，河水水文特征有明显的季节性变化[1~7]。

12.1.2　数据来源与方法

本研究所使用的 1985 年 4 月、7 月和 10 月胶州湾水体 Cu 的调查资料由国家海洋局北海监测中心提供。4 月、7 月和 10 月，在胶州湾水域设 6 个站位取表层、底层水样：2031、2032、2033、2034、2035、2047（图 12-1）。分别于 1985 年 4

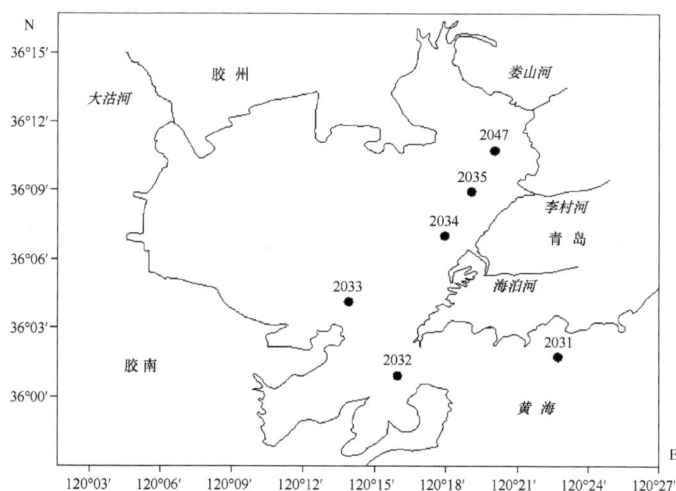

图 12-1　胶州湾调查站位

月、7 月和 10 月 3 次进行取样，根据水深取水样（＞10m 时取表层和底层，＜10m 时只取表层）进行调查。按照国家标准方法进行胶州湾水体 Cu 的调查，该方法被收录在国家的《海洋监测规范》（1991 年）中[8]。

12.2　垂　直　分　布

12.2.1　表层季节分布

在胶州湾湾口水域的表层水体中，4 月，水体中 Cu 的表层含量范围为 0.11～0.43μg/L；7 月，水体中 Cu 的表层含量范围为 0.10～0.38μg/L；10 月，水体中 Cu 的表层含量范围为 0.18～0.39μg/L。这表明 4 月、7 月和 10 月，水体中 Cu 的表层含量范围变化比较小，为 0.10～0.43μg/L，Cu 的表层含量由低到高依次为 7 月、10 月、4 月，故得到水体中 Cu 的表层含量由低到高的季节变化为：夏季、秋季、春季。

12.2.2　底层季节分布

在胶州湾湾口水域的底层水体中，4 月，水体中 Cu 的底层含量范围为 0.10～0.12μg/L；7 月，水体中 Cu 的底层含量范围为 0.19～0.42μg/L；10 月，水体中 Cu 的底层含量范围为 0.19～0.30μg/L。这表明 4 月、7 月和 10 月，水体中 Cu 的底层含量范围变化比较小，为 0.10～0.42μg/L，Cu 的底层含量由低到高依次为 4 月、10 月、7 月。因此，得到水体中 Cu 的底层含量由低到高的季节变化为：春季、秋季、夏季。

12.2.3　表底层水平分布趋势

在胶州湾的湾口水域，从湾口水域 2032 站位到胶州湾湾外的东部近岸水域 2031 站位。

4 月，在表层，Cu 含量沿梯度上升，从 0.36μg/L 上升到 0.39μg/L。在底层，Cu 含量沿梯度上升，从 0.10μg/L 上升到 0.12μg/L。这表明表层、底层的水平分布趋势是一致的。

7 月，在表层，Cu 含量沿梯度降低，从 0.22μg/L 降低到 0.10μg/L。在底层，Cu 含量沿梯度降低，从 0.42μg/L 降低到 0.19μg/L。这表明表层、底层的水平分布趋势是一致的。

10 月，在表层，Cu 含量沿梯度上升，从 0.25μg/L 上升到 0.39μg/L。在底层，Cu 含量沿梯度上升，从 0.19μg/L 上升到 0.30μg/L。这表明表层、底层的水平分布趋势是一致的。

4 月、7 月和 10 月，胶州湾湾口水域的水体中，表层 Cu 的水平分布与底层的水平分布趋势是一致的。

12.2.4　表底层变化范围

在胶州湾的湾口水域，4 月，表层含量（0.11～0.43μg/L）很高时，其对应的底层含量就很低（0.10～0.12μg/L）。7 月，表层含量（0.10～0.38μg/L）比较高时，其对应的底层含量很高（0.19～0.42μg/L）。10 月，表层含量达到较高（0.18～0.39μg/L）时，其对应的底层含量较高（0.19～0.30μg/L）。而且，Cu 的表层含量变化范围（0.10～0.43μg/L）大于底层的含量变化范围（0.10～0.42μg/L），变化量基本一样（表 12-1）。

表 12-1　在胶州湾湾口水域 Cu 的表层、底层含量变化

月份 水层	4 月	7 月	10 月
表层	最高	较高	较高
底层	最低	最高	较高

12.3　垂直迁移过程

12.3.1　沉　降　过　程

Cu 经过了垂直水体的效应作用[9]，穿过水体后，使 Cu 含量发生了很大的变化。Cu 离子的亲水性强，易与海水中的浮游动植物以及浮游颗粒结合。在夏季，海洋生物大量繁殖，数量迅速增加[7]，且由于浮游生物的繁殖活动，悬浮颗粒物表面形成胶体，此时的吸附力最强，吸附了大量的 Cu 离子，并将其带入表层水体，由于重力和水流的作用，Cu 不断地沉降到海底[1~5]。因此，Cu 的迁移过程就是 Cu 从表层水体不断地沉降到海底的过程。

12.3.2　季节变化过程

在胶州湾湾口水域的表层水体中，4 月，Cu 含量变化从最高值 0.43μg/L 开始，然后逐渐减少，到 7 月，Cu 含量达到最低值 0.38μg/L，然后开始逐渐增加，到 10

月达到较低值 0.39μg/L。于是，Cu 的表层含量由低到高的季节变化为：夏季、秋季、春季。

春季胶州湾水域 Cu 含量有两个来源，主要来自河流的输送和外海海流的输送。表层 Cu 含量很高，然而，大部分表层的 Cu 并未达到海底，故底层的 Cu 含量很低（0.12μg/L），故春季的底层 Cu 含量很低。到了夏季，由于 Cu 离子被吸附于大量悬浮颗粒物表面，在重力和水流的作用下，不断地沉降到海底，底层的 Cu 含量很高（0.42μg/L），故夏季的底层 Cu 含量很高。到了秋季，表层 Cu 含量已经比春季的表层低了许多，但 Cu 经过了垂直水体的效应作用和累积作用[9]，底层的 Cu 含量比较高（0.30μg/L），故秋季的底层 Cu 含量比较高（表 12-1）。

这表明在胶州湾湾口水域的表层水体中，由于 Cu 离子被吸附于大量悬浮颗粒物表面，在重力和水流的作用下，Cu 不断地沉降到海底。经过垂直水体的效应作用和累积作用[6]，Cu 表层含量的变化和底层含量的累积决定了 Cu 底层含量的变化，展示了水体中底层的 Cu 含量由低到高的季节变化为：春季、秋季、夏季（表 12-1）。于是呈现了表层、底层的 Cu 含量的季节变化并不是一致的。

12.3.3　空间沉降

在胶州湾的湾口水域，Cu 来源决定表层、底层的水平分布趋势。

4 月，Cu 来自河流的输送和外海海流的输送，含量很高。从胶州湾湾外水域到湾口水域，表层、底层的水平分布趋势呈现了下降的趋势，展示了外海海流的输送。

7 月，Cu 来自河流的输送，含量比较高。从胶州湾湾口水域到湾外水域，表层、底层的水平分布趋势呈现了下降的趋势，展示了河流的输送。

10 月，Cu 来自外海海流的输送，从胶州湾湾外水域到湾口水域，表层、底层的水平分布趋势呈现下降的趋势，展示了外海海流的输送。

空间尺度上，在胶州湾的湾口水域，4 月、7 月和 10 月，表层 Cu 的水平分布与底层的水平分布趋势都是一致的。这表明在胶州湾的湾口水域，Cu 离子被吸附于大量悬浮颗粒物表面，无论 Cu 含量的高或低，在重力和水流的作用下，都迅速地沉降到海底。这展示了 Cu 含量在表层、底层的水平分布趋势是一致的。这就是 Cu 含量的空间沉降过程。

12.3.4　变化沉降

变化尺度上，在胶州湾的湾口水域，4 月、7 月和 10 月，Cu 含量在表层、底层的变化量范围基本一样。而且，Cu 的表层含量变化范围（0.10~0.43μg/L）与底层的含量变化范围（0.10~0.42μg/L）基本一样（表 12-1）。这展示了 Cu 迅速地、不断地沉降到海底，导致了 Cu 含量在表层、底层含量变化保持了一致性。

12.3.5　垂 直 沉 降

垂直尺度上，在胶州湾的湾口水域，4 月、7 月和 10 月，无论 Cu 含量低还是高，在垂直水体的效应作用[6]下，Cu 含量都几乎没有损失，其损失的范围为 0.10–0.10~0.43–0.42μg/L，即为 0.00~0.01μg/L。因此，当 Cu 含量低或者高时，Cu 含量在表层、底层都保持了相近。这展示了 Cu 含量低或者高时，Cu 从表层几乎没有被水体带走，而大量沉降到海底。于是，在表层和底层，Cu 含量具有一致性。

12.4　结　　论

Cu 的表层含量由低到高的季节变化为：夏季、秋季、春季。这是经过了垂直水体的效应作用，Cu 从表层水体不断地沉降到海底的过程以及在海底的累积过程，由此得到，Cu 的底层含量由低到高的季节变化为：春季、秋季、夏季。这使得表层、底层的 Cu 含量在季节变化上是不一致的。

空间尺度上，在胶州湾的湾口水域，Cu 离子被吸附于大量悬浮颗粒物表面，无论 Cu 含量高或低，在重力和水流的作用下，Cu 都迅速地沉降到海底。这样，展示了 Cu 含量在表层、底层的水平分布趋势是一致的。而且，由于 Cu 含量的输送来源不同，表层、底层的水平分布趋势呈现了不同的变化趋势。

变化尺度上，在胶州湾的湾口水域，4 月、7 和 10 月，Cu 含量在表层、底层的变化量范围基本一样。而且，Cu 迅速地、不断地沉降到海底，导致了 Cu 在表层、底层的含量变化保持了一致。

在垂直尺度上，Cu 含量低或者高时，Cu 从表层几乎没有被水体带走，而大量沉降到海底，在这个过程中，Cu 含量几乎没有损失。于是，在表层、底层 Cu 含量具有一致性。

Cu 含量的这些垂直分布规律证实了作者提出的 Cu 的垂直沉降过程：在重力和水流的作用下，Cu 都迅速地沉降到海底。

参 考 文 献

[1]　Yang D F, Miao Z Q, Song W P, et al. Research on the sources of Cu in Jiaozhou Bay. Advanced Materials

Research, 2015, 1092-1093: 1013-1016.

[2] Yang D F, Miao Z Q, Cui W L, et al. Input and transfer processes of Cu in bay waters. Advances in Intelligent Systems Research, 2015: 17-20.

[3] Yang D F, Wang F Y, Zhu S X, et al. A research on the vertical transfer process of Cu in Jiaozhou Bay. Advances in Engineering Research, 2015, 31: 1284-1287.

[4] Yang D F, Zhu S X, Wu Y J, et al. Aggregation, divergence and homogeneity of Cu in Marine bay bottom waters. Advances in Engineering Research, 2015, 31: 1288-1291.

[5] Yang D F, Zhu S X, Wang F Y, et al. The impact of marine current to Cu contents in Jiaozhou Bay. Advances in Computer Science Research, 2015: 1765-1769.

[6] Yang D F, Chen Y, Gao Z H, et al. Silicon limitation on primary production and its destiny in Jiaozhou Bay, China Ⅳ transect offshore the coast with estuaries. Chin J Oceanol Limnol, 2005, 23(1): 72-90.

[7] 杨东方, 王凡, 高振会, 等. 胶州湾浮游藻类生态现象. 海洋科学, 2004, 28(6): 71-74.

[8] 国家海洋局. 海洋监测规范. 北京: 海洋出版社, 1991.

[9] Yang D F, Wang F Y, He H Z, et al. Vertical water body effect of benzene hexachloride. Proceedings of the 2015 international symposium on computers and informatics, 2015: 2655-2660.

第13章 胶州湾水域铜的均匀性变化过程

13.1 背 景

13.1.1 胶州湾自然环境

胶州湾位于山东半岛南部，其地理位置为东经 120°04′～120°23′，北纬 35°58′～36°18′，以团岛与薛家岛连线为界，与黄海相通，面积约为 446km²，平均水深约 7m，是一个典型的半封闭型海湾。胶州湾入海的河流有十几条，其中径流量和含沙量较大的为大沽河和洋河，青岛市区的海泊河、李村河和娄山河等河流，这些河流均属季节性河流，河水水文特征有明显的季节性变化[1~7]。

13.1.2 数据来源与方法

本研究所使用的 1985 年 4 月、7 月和 10 月胶州湾水体 Cu 的调查资料由国家海洋局北海监测中心提供。4 月、7 月和 10 月，在胶州湾水域设 6 个站位取表层、底层水样：2031、2032、2033、2034、2035、2047（图 13-1）。分别于 1985 年 4

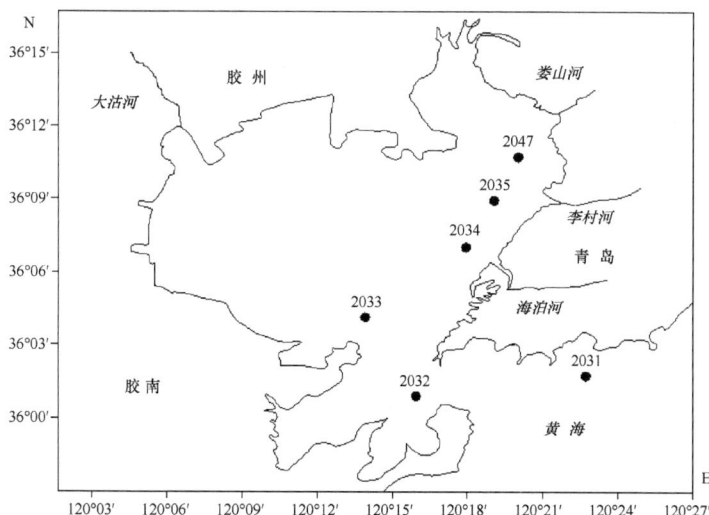

图 13-1 胶州湾调查站位

月、7 月和 10 月 3 次进行取样，根据水深取水样（＞10m 时取表层和底层，＜10m 时只取表层）进行调查。按照国家标准方法进行胶州湾水体 Cu 的调查，该方法被收录在国家的《海洋监测规范》（1991 年）中[8]。

13.2　水　平　分　布

13.2.1　1985 年 4 月

4 月，在胶州湾东北部，李村河的入海口近岸水域 2035 站位，Cu 的含量达到较高（0.43μg/L），以东北部近岸水域为中心形成了 Cu 的高含量区，形成了一系列不同梯度的半个同心圆。Cu 含量从中心的高含量（0.43μg/L）沿梯度递减到胶州湾西南部近岸水域的 0.11μg/L（图 13-2）。在胶州湾湾外的东部近岸水域 2031 站位，Cu 的含量达到较高（0.39μg/L），以湾外的东部近岸水域为中心形成了 Cu 的高含量区，形成了一系列不同梯度的平行线。Cu 含量从中心的高含量（0.39μg/L）沿梯度递减到胶州湾西南部近岸水域的 0.11μg/L（图 13-2）。

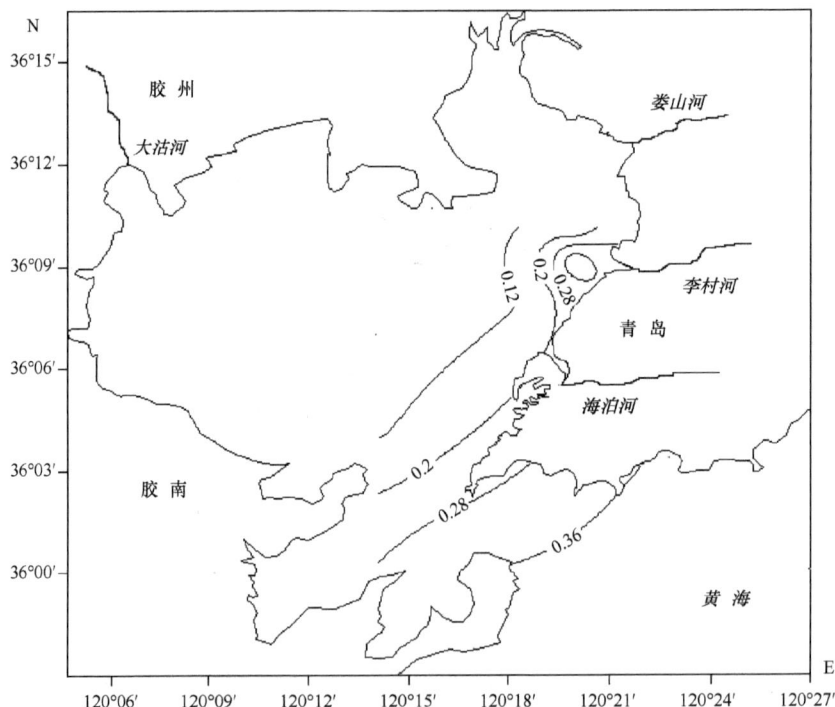

图 13-2　4 月表层 Cu 含量的分布（μg/L）

13.2.2 1985 年 7 月

7 月，在胶州湾东北部，海泊河的入海口近岸水域 2034 站位，Cu 的含量达到较高（0.38μg/L），以东北部近岸水域为中心形成了 Cu 的高含量区，形成了一系列不同梯度的平行线。Cu 含量从中心的高含量（0.38μg/L）沿梯度递减到湾口水域的 0.22μg/L（图 13-3）。甚至递减到湾外水域的 0.10μg/L（图 13-3）。

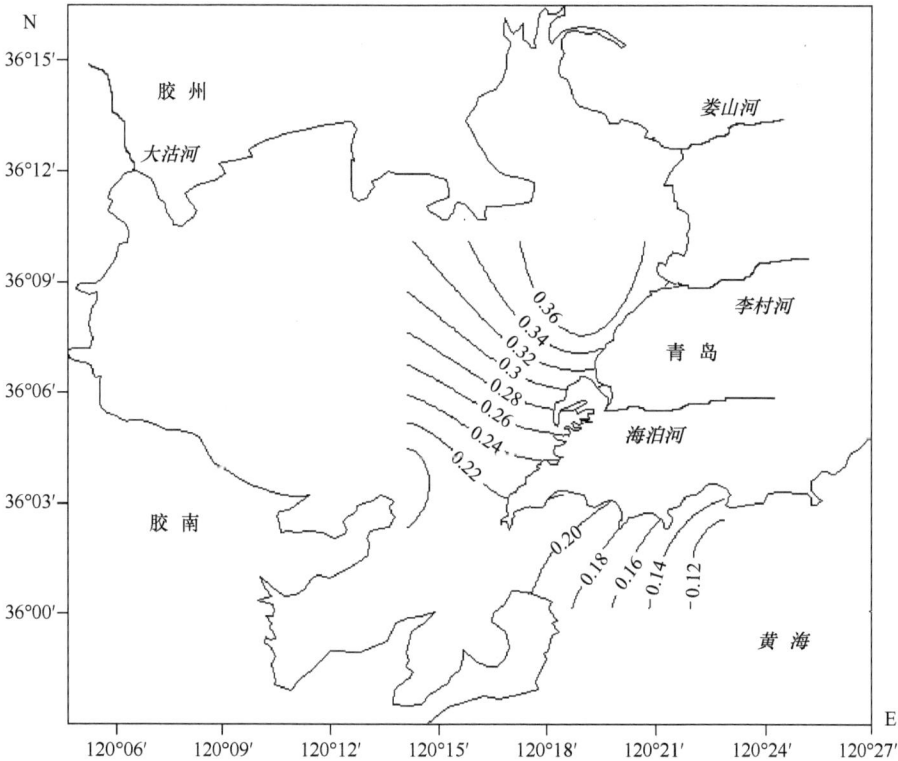

图 13-3 7 月表层 Cu 含量的分布（μg/L）

13.2.3 1985 年 10 月

10 月，在胶州湾湾外的东部近岸水域 2031 站位，Cu 的含量达到较高（0.39μg/L），以湾外的东部近岸水域为中心形成了 Cu 的高含量区，形成了一系列不同梯度的平行线。Cu 从中心的高含量（0.39μg/L）沿梯度递减到胶州湾西南部近岸水域的 0.18μg/L（图 13-4）。

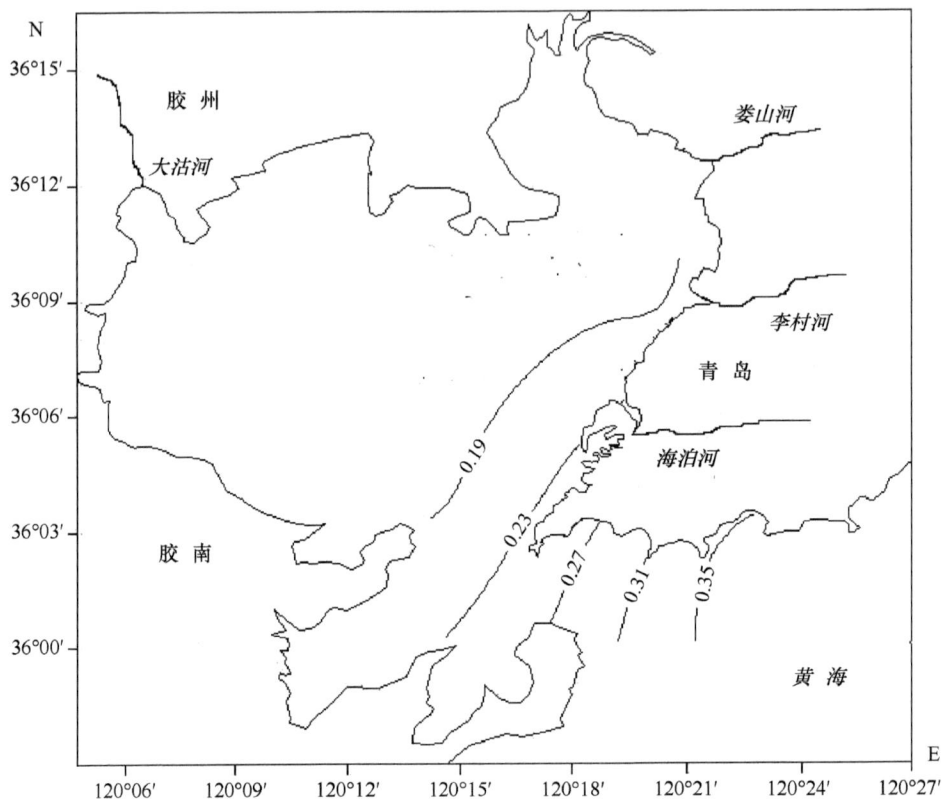

图 13-4　10 月表层 Cu 含量的分布（μg/L）

13.3　均匀性变化过程

13.3.1　海洋的均匀性

作者提出了[9]：海洋的潮汐、海流对海洋中所有物质的含量都进行搅动、输送，使海洋中所有物质的含量在海洋的水体中分布都非常均匀。在近岸浅海主要靠潮汐的作用；在深海主要靠海流的作用，当然还有其他辅助作用，如风暴潮、海底地震等。所以，随着时间的推移，海洋尽可能使海洋中所有物质的含量都分布均匀，故海洋具有均匀性。

在胶州湾水域，1985 年的 Cu 含量水平分布的时空变化中，充分展示了，在海洋中的潮汐、海流的作用下，Cu 含量在水体中不断地被摇晃、搅动，水体中 Cu 含量由不均匀到均匀的变化过程。

13.3.2　不均匀性的分布

4 月，在胶州湾东北部的水体中，李村河的入海口近岸水域，形成了 Cu 的高含量区，这表明了 Cu 的来源是来自河流的输送，其 Cu 含量为 0.43μg/L，而且输送的含量比较高（图 13-2）。这充分展示了在湾内的整个水体中，Cu 在水体中的含量分布是不均匀的。

4 月，在胶州湾湾外的东部近岸水域，形成了 Cu 的高含量区（0.39μg/L），在胶州湾水体中，从外海域通过湾口，沿着从湾外到湾内的海流方向，Cu 含量在不断地递减，这表明在胶州湾水域，Cu 的来源是来自外海海流的输送，其 Cu 含量为 0.39μg/L（图 13-2）。这充分展示了在湾外的整个水体中，Cu 在水体中的含量分布是不均匀的。

7 月，在胶州湾东北部的水体中，海泊河、李村河和娄山河的入海口近岸水域，形成了 Cu 的高含量区，这表明了 Cu 的来源是来自河流的输送，其 Cu 含量为 0.37～0.38μg/L，而且输送的含量比较高（图 13-3）。这充分展示了在湾内的整个水体中，Cu 在水体中的含量分布是不均匀的。

10 月，在胶州湾湾外的东部近岸水域，形成了 Cu 的高含量区（0.39μg/L），在胶州湾水体中，从外海域通过湾口，沿着从湾外到湾内的海流方向，Cu 含量在不断地递减，这表明在胶州湾水域，Cu 的来源是来自外海海流的输送，其 Cu 含量为 0.39μg/L（图 13-4）。这充分展示了在湾外的整个水体中，Cu 在水体中的含量分布是不均匀的。

13.3.3　均匀性的分布

7 月，在胶州湾，从湾西南部近岸水域到湾外的整个水域，Cu 的含量变化范围为 0.10～0.22μg/L，这表明从胶州湾西南部到湾外水体，Cu 含量比较低，而且在湾外没有任何 Cu 含量的来源（图 13-3）。这充分展示了在湾内西南部到湾外的水体中，Cu 在水体中的含量分布是均匀的。

10 月，在胶州湾的整个水域，Cu 的含量变化范围为 0.18～0.20μg/L，这表明在胶州湾的整个水域，Cu 含量比较低，而且在湾内没有任何 Cu 的来源（图 13-4）。这充分展示了在湾内的整个水体中，Cu 含量在水体中的分布是均匀的。

13.3.4　均匀性的变化过程

胶州湾水域 Cu 有两个主要来源，即河流的输送和外海海流的输送。

4月，在胶州湾东北部的水体中，当河流向这个水体输送 Cu 含量，在湾内的整个水体中，Cu 含量在水体中的分布是不均匀的（图 13-5）。

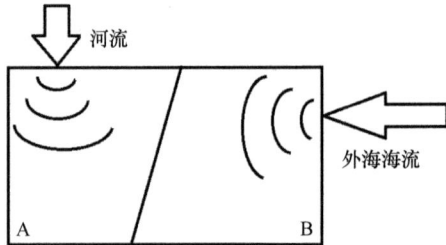

图 13-5 4 月的 Cu 含量在水体中分布模型框图
A. 在胶州湾湾内的水体中，Cu 在水体中的含量分布是不均匀的；B. 在胶州湾湾外的水体中，
Cu 在水体中的含量分布是不均匀的

4月，在胶州湾湾外的水体中，当外海海流向这个水体输送 Cu 时，在湾外的整个水体中，Cu 在水体中的含量分布是不均匀的（图 13-5）。

这表明在一个水体中，当有 Cu 的输入时，在水体中就出现了 Cu 的含量分布是不均匀的。

7月，在胶州湾东北部的水体中，当河流向这个水体输送 Cu 时，在湾内的整个水体中，Cu 在水体中的含量分布是不均匀的（图 13-6）。

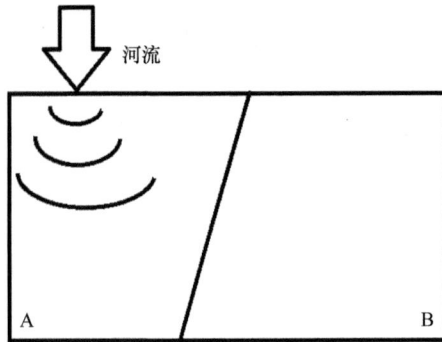

图 13-6 7 月的 Cu 含量在水体中分布模型框图
A. 在胶州湾湾内的水体中，Cu 在水体中的含量分布是不均匀的；B. 在胶州湾湾外的水体中，
Cu 在水体中的含量分布是均匀的

7月，从胶州湾西南部到湾外的水体中，在湾外没有任何 Cu 含量的来源，Cu 含量在水体中的分布是均匀的（图 13-6）。

这表明在一个水体中，当有 Cu 的输入时，在水体中就出现了 Cu 的含量分布是不均匀的。在一个水体中，当没有 Cu 的输入时，在水体中就出现了 Cu 的含量分布是均匀的。

10 月，在胶州湾湾内的整个水体中，在湾内没有任何 Cu 的来源，Cu 在水体中的含量分布是均匀的（图 13-7）。

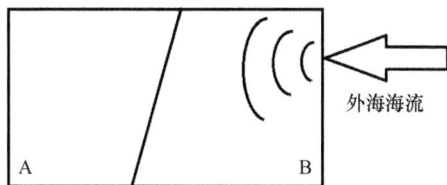

图 13-7　10 月的 Cu 在水体中的含量分布模型框图

A. 在胶州湾湾内的水体中，Cu 在水体中的含量分布是均匀的；B. 在胶州湾湾外的水体中，
Cu 在水体中的含量分布是不均匀的

10 月，在湾外的整个水体中，当外海海流向这个水体输送 Cu 含量时，Cu 含量在水体中的分布是不均匀的（图 13-7）。

这表明在一个水体中，当有 Cu 的输入时，在水体中就出现了 Cu 的含量分布是不均匀的。在一个水体中，当没有 Cu 含量的输入时，在水体中就出现了 Cu 的含量分布是均匀的。

这揭示了在海洋中的潮汐、海流的作用下，使海洋具有均匀性的特征。正如作者指出：海洋的潮汐、海流对海洋中所有物质的含量都进行搅动、输送，使海洋中所有物质的含量在海洋的水体中都是非常均匀地分布[9]。

13.3.5　物质含量的均匀分布

作者认为[9]：HCH 的含量在海域水体中分布的均匀性，揭示了在海洋中的潮汐、海流的作用下，使海洋具有均匀性的特征。就像容器中的液体，加入物质，不断的摇晃、搅动，随着时间的推移，使其物质的含量在液体中渐渐地均匀分布。

1985 年，HCH 的含量在海域水体中分布的均匀性，揭示了在海洋中的潮汐、海流的作用下，使海洋具有均匀性的特征[9]。1983 年，PHC 含量在胶州湾的水体中小于 0.12mg/L，就展示了物质在海洋中的均匀分布特征[10]；1983 年，在胶州湾的湾口内底层水域 Cu 含量的底层水平分布，就充分证明了海洋具有均匀性[11]；1985 年，Pb 含量的水平分布和扩展过程揭示了在海洋中的潮汐、海流的作用下，使海洋具有均匀性的特征；1985 年，胶州湾的 Cd 含量表层水平分布，就充分呈现了海洋具有均匀性；1985 年，胶州湾的 Cu 含量表层水平分布，就充分呈现了海洋的均匀性变化过程。

这些物质的水平分布和运动过程充分表明海洋使一切物质都在水体中具有均匀性，并且使一切物质在水体中向均匀性的趋势进行扩散运动。因此，笔者提出了"物质在水体中的均匀性变化过程"：在一个水体中，当物质有来源的输入时，在水体中就出现了物质含量的分布是不均匀的。当物质来源的输入停止时，在水体中就出现了物质含量的分布是均匀的。物质来源从开始输入物质到结束输入物质，在这个过程中，在水体中就出现了物质含量的分布从不均匀的转变为均匀的。物质在海水中是均匀的，尤其在物质含量低时，就保持了水体的均匀。这展示了经过海水的潮汐和海流的作用，当物质含量低时，水体就更呈现了其均匀性。

13.4 结 论

在胶州湾水域，在 1985 年的 Cu 含量水平分布的时空变化中，充分展示了，在海洋中的潮汐、海流的作用下，Cu 含量在水体中不断地被摇晃、搅动，水体中 Cu 含量由不均匀到均匀的变化过程。4 月、7 月和 10 月，胶州湾水域 Cu 有两个来源，主要来自河流的输送和外海海流的输送。将胶州湾水域分为两个水体：在一个水体中，当有 Cu 含量的输入时，在水体中就出现了 Cu 含量的分布是不均匀的；在一个水体中，当没有 Cu 含量的输入时，在水体中就出现了 Cu 含量的分布是均匀的。随着时间的变化，水体中 Cu 含量经历了由不均匀到均匀的变化过程。这揭示了在海洋中的潮汐、海流的作用下，使海洋具有均匀性的特征。

参 考 文 献

[1] Yang D F, Miao Z Q, Song W P, et al. Research on the sources of Cu in Jiaozhou Bay. Advanced Materials Research, 2015, 1092-1093: 1013-1016.

[2] Yang D F, Miao Z Q, Cui W L, et al. Input and transfer processes of Cu in bay waters. Advances in Intelligent Systems Research, 2015: 17-20.

[3] Yang D F, Wang F Y, Zhu S X, et al. A research on the vertical transfer process of Cu in Jiaozhou Bay. Advances in Engineering Research, 2015, 31: 1284-1287.

[4] Yang D F, Zhu S X, Wu Y J, et al. Aggregation, divergence and homogeneity of Cu in Marine bay bottom waters. Advances in Engineering Research, 2015, 31: 1288-1291.

[5] Yang D F, Zhu S X, Wang F Y, et al. The impact of marine current to Cu contents in Jiaozhou Bay. Advances in Computer Science Research, 2015: 1765-1769.

[6] Yang D F, Chen Y, Gao Z H, et al. Silicon limitation on primary production and its destiny in Jiaozhou Bay, China IV transect offshore the coast with estuaries. Chin J Oceanol Limnol, 2005, 23(1): 72-90.

[7] 杨东方, 王凡, 高振会, 等. 胶州湾浮游藻类生态现象. 海洋科学, 2004, 28(6): 71-74.

[8] 国家海洋局. 海洋监测规范. 北京: 海洋出版社, 1991.

[9]　杨东方, 丁咨汝, 郑琳, 等. 胶州湾水域有机农药六六六的分布及均匀性. 海岸工程, 2011, 30(2): 66-74.

[10]　Yang D F, Zhu S X, Wang F Y, et al. Distribution and Low-Value Feature of Petroleum Hydrocarbon in Jiaozhou Bay. 4th International Conference on Energy and Environmental Protection, 2015: 3784-3788.

[11]　Yang D F, Zhu S X, Wu Y J, et al. Aggregation, divergence and homogeneity of Cu in Marine bay bottom waters. Advances in Engineering Research, 2015, 31: 1288-1291.

第14章　胶州湾铜的时空沉降过程

14.1　背　景

14.1.1　胶州湾自然环境

胶州湾位于山东半岛南部，其地理位置为东经 120°04′～120°23′，北纬 35°58′～36°18′，以团岛与薛家岛连线为界，与黄海相通，面积约为 446km² ，平均水深约 7m，是一个典型的半封闭型海湾。胶州湾入海的河流有十几条，其中径流量和含沙量较大的为大沽河和洋河，青岛市区的海泊河、李村河和娄山河等河流，这些河流均属季节性河流，河水水文特征有明显的季节性变化[6,7]。

14.1.2　数据来源与方法

本研究所使用的 1985 年 4 月、7 月和 10 月胶州湾水体 Cu 的调查资料由国家海洋局北海监测中心提供。4 月、7 月和 10 月，在胶州湾水域设 6 个站位取表层、底层水样：2031、2032、2033、2034、2035、2047（图 14-1）。分别于 1985 年 4

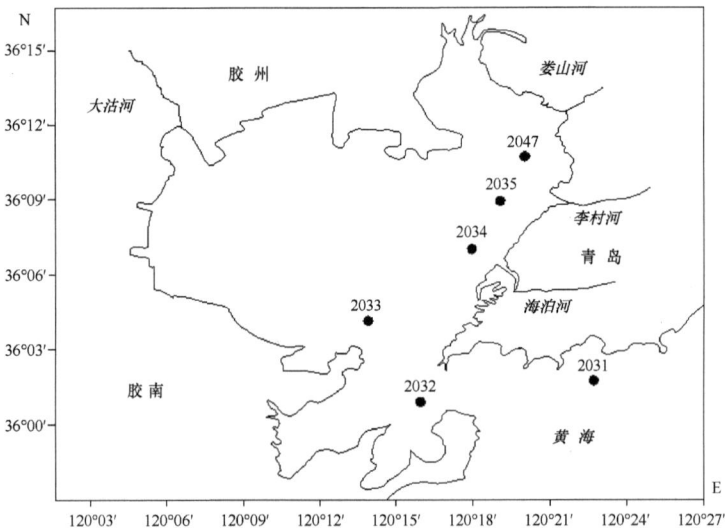

图 14-1　胶州湾调查站位

月、7 月和 10 月 3 次进行取样，根据水深取水样（＞10m 时取表层和底层，＜10m 时只取表层）进行调查。按照国家标准方法进行胶州湾水体 Cu 的调查，该方法被收录在国家的《海洋监测规范》（1991 年）中[8]。

14.2　垂 直 分 布

14.2.1　表底层变化范围

4 月、7 月和 10 月，在这些站位：2031、2032、2033，Cu 的表层、底层含量相减，其差为–0.20～0.27μg/L。这表明 Cu 的表层、底层含量有相近，也有相差。

14.2.2　表底层垂直变化

4 月，Cu 的表层、底层含量差为 0.00～0.27μg/L。在湾口内水域的 2033 站位为零值，在湾口水域的 2032 站位和在湾外水域的 2031 站位都为正值。2 个站位为正值，1 个站位为零值（表 14-1）。

表 14-1　在胶州湾的湾口水域 Cu 的表层、底层含量差

站位　月份	2033	2032	2031
4 月	零值	正值	正值
7 月	零值	负值	负值
10 月	负值	正值	正值

7 月，Cu 的表层、底层含量差为–0.20～0.00μg/L。在湾口内水域的 2033 站位为零值，在湾口水域的 2032 站位和在湾外水域的 2031 站位都为负值。2 个站位为负值，1 个站位为零值（表 14-1）。

10 月，Cu 的表层、底层含量差为–0.03～0.09μg/L。在湾口内水域的 2033 站位为负值，在湾口水域的 2032 站位和在湾外水域的 2031 站位都为正值。2 个站位为正值，1 个站位为负值（表 14-1）。

14.3　时空变化的沉降过程

14.3.1　区 域 沉 降

区域尺度上，在胶州湾的湾口水域，随着时间的变化，Cu 的表层、底层含量相减，其差也发生了变化，这个差值表明了 Cu 含量在表层、底层的变化。当 Cu 向胶州湾输入后，首先到表层，通过迅速地、不断地沉降到海底，呈现了 Cu 含量在表层、底层的变化（表 14-1）。

4 月，Cu 来自河流的输送和外海海流的输送，含量最高。由于 Cu 含量刚从来源开始输送，表层 Cu 含量并未达到海底，于是，从湾口水域到湾口外水域都呈现了表层的 Cu 含量大于底层的。而在湾内水域，表层的 Cu 含量与底层的一致，Cu 含量表层、底层的分布均匀。

7 月，Cu 来自河流的输送，含量比较高。由于经过 3 个月，沉降到海底 Cu 含量进行了大量的累积，于是，Cu 含量在湾口水域和湾口外水域都呈现了底层的 Cu 含量大于表层的，而在湾内水域，表层的 Cu 含量与底层的一致，Cu 含量表层、底层的分布均匀。

10 月，Cu 来自外海海流的输送，含量比较高。由于 Cu 含量刚从来源开始输送，表层 Cu 含量并未达到海底，于是，在湾口水域和湾口外水域都呈现了表层的 Cu 含量大于底层的，而在湾口内水域表层的 Cu 含量小于底层的。

14.3.2　时间变化的沉降过程

1985 年，4 月、7 月和 10 月，在胶州湾的湾口内侧水域，4 月，表层 Cu 含量与底层的一致。到了 7 月，表层 Cu 含量与底层的一致。到了 10 月，表层 Cu 含量小于底层的。这表明了 4 月，湾内来源没有提供 Cu 含量，Cu 含量在此水域是比较均匀的。到了 7 月，湾内来源依然没有提供 Cu，Cu 在此水域的含量是比较均匀的。到了 10 月，湾内来源提供了 Cu，到了湾口内侧水域经过沉降，在海底累积。

在湾口水域，4 月，表层 Cu 含量大于底层的。到了 7 月，表层 Cu 含量小于底层的。到了 10 月，表层 Cu 含量大于底层的。这表明在 4 月，湾内来源提供了 Cu，呈现了在表层大于底层的现象。到了 7 月，湾内来源提供了 Cu，到了湾口水域经过沉降，在海底累积，呈现了在表层小于底层的现象。到了 10 月，湾外来源提供了 Cu，底层 Cu 含量逐渐消失，呈现了表层 Cu 含量大于底层的现象。

在湾口外侧水域，4 月，表层 Cu 含量大于底层。到了 7 月，表层 Cu 含量小于底层。到了 10 月，表层 Cu 含量大于底层。这表明了 4 月，湾外来源提供了 Cu，呈现了在表层大于底层的现象。到了 7 月，湾外来源提供了 Cu，到了湾口外侧水域经过沉降，在海底累积，呈现了在表层小于底层的现象。到了 10 月，湾外来源提供了 Cu，而底层 Cu 含量在逐渐消失，呈现了表层 Cu 含量大于底层的现象。

14.3.3 空间变化的沉降过程

1985 年，在胶州湾的湾口水域，Cu 含量的情况和沉降过程如下。

4 月，在湾口内侧水域，表层 Cu 含量与底层的一致。在湾口水域和湾口外侧水域，表层 Cu 含量大于底层的。这展示了 Cu 来源于湾口外侧水域，在湾口水域和湾口外侧水域，都呈现了在表层大于底层的现象。而在湾口内侧水域，没有受到来源的影响，表层、底层 Cu 含量均匀混合。

7 月，在湾口内侧水域，表层 Cu 含量与底层的一致。在湾口和湾口外侧水域，表层 Cu 含量小于底层的。这展示了在湾口和湾口外侧水域，Cu 含量经过沉降，在海底累积，呈现了在表层小于底层的现象。而在湾口内侧水域，没有受到来源的影响，呈现了表层、底层 Cu 的含量均匀。

10 月，在湾口内侧水域，表层 Cu 含量小于底层的。在湾口水域和湾口外侧水域，表层 Cu 含量大于底层的。这展示了在湾口水域和湾口外侧水域，湾外来源提供了 Cu，而底层 Cu 含量在逐渐消失，呈现了表层 Cu 含量大于底层的现象。而在湾口内侧水域，由于经过了长期的 Cu 缓慢沉降，在海底累积，呈现了在表层小于底层的现象。

14.4 结 论

区域尺度上，在胶州湾的湾口水域，随着时间的变化，Cu 的表层、底层含量相减，其差也发生了变化，这个差值表明了 Cu 含量在表层、底层的变化。当 Cu 向胶州湾输入后，首先到表层，通过迅速地、不断地沉降到海底，呈现了 Cu 含量在表层、底层的变化。

时间尺度上，Cu 在沉降过程中，出现 4 种状态。①当来源没有提供 Cu 时，Cu 含量在此水域是比较均匀的。当来源提供 Cu 时，经过沉降就会在海底累积。②当来源提供大量的 Cu 时，呈现了在表层 Cu 含量大于底层的现象。③来源提供 Cu 大幅度减少，可是经过长时间的沉降，在海底累积，呈现了在表层 Cu 含量小于底层的现象。④来源提供了 Cu，可是在海底有大量 Cu 含量在沉积物中，逐渐被掩埋。这样，Cu 在沉积物的表面也逐渐消失了，呈现了在表层 Cu 含量大于底层的现象。

空间尺度上，在胶州湾的湾口水域，没有受到来源影响的水域，呈现了表层、底层 Cu 含量的均匀混合。来源提供的 Cu 含量影响的水域，都呈现了在表层大于底层的现象。经过一段时间，此水域，都呈现了在表层小于底层的。

在胶州湾水域，根据 Cu 含量的时空变化沉降过程，作者提出 Cu 含量的时空变化沉降规律：Cu 含量的表底层的变化是由来源输送的含量高低和经过迁移距离的远近所决定的。因此，表层、底层的 Cu 含量变化揭示了 Cu 的水域迁移过程。

参 考 文 献

[1] Yang D F, Miao Z Q, Song W P, et al. Research on the sources of Cu in Jiaozhou Bay. Advanced Materials Research, 2015, 1092-1093: 1013-1016.

[2] Yang D F, Miao Z Q, Cui W L, et al. Input and transfer processes of Cu in bay waters. Advances in Intelligent Systems Research, 2015: 17-20.

[3] Yang D F, Wang F Y, Zhu S X, et al. A research on the vertical transfer process of Cu in Jiaozhou Bay. Advances in Engineering Research, 2015, 31: 1284-1287.

[4] Yang D F, Zhu S X, Wu Y J, et al. Aggregation, divergence and homogeneity of Cu in Marine bay bottom waters. Advances in Engineering Research, 2015, 31: 1288-1291.

[5] Yang D F, Zhu S X, Wang F Y, et al. The impact of marine current to Cu contents in Jiaozhou Bay. Advances in Computer Science Research, 2015: 1765-1769.

[6] Yang D F, Chen Y, Gao Z H, et al. Silicon limitation on primary production and its destiny in Jiaozhou Bay, China IV transect offshore the coast with estuaries. Chin J Oceanol Limnol, 2005, 23(1): 72-90.

[7] 杨东方, 王凡, 高振会, 等. 胶州湾浮游藻类生态现象. 海洋科学, 2004, 28(6): 71-74.

[8] 国家海洋局. 海洋监测规范. 北京: 海洋出版社, 1991.

[9] Yang D F, Wang F Y, He H Z, et al. Vertical water body effect of benzene hexachloride. Proceedings of the 2015 international symposium on computers and informatics, 2015: 2655-2660.

第15章 胶州湾湾内及湾外的铜含量基础本底值

15.1 背　景

15.1.1 胶州湾自然环境

胶州湾位于山东半岛南部，其地理位置为东经 120°04′～120°23′，北纬 35°58′～36°18′，以团岛与薛家岛连线为界，与黄海相通，面积约为 446km^2，平均水深约 7m，是一个典型的半封闭型海湾。胶州湾入海的河流有十几条，其中径流量和含沙量较大的为大沽河和洋河，青岛市区的海泊河、李村河和娄山河等河流，这些河流均属季节性河流，河水水文特征有明显的季节性变化[1~7]。

15.1.2 数据来源与方法

本研究所使用的 1986 年 4 月胶州湾水体 Cu 的调查资料由国家海洋局北海监测中心提供。4 月，在胶州湾水域设 6 个站位取表层、底层水样：2031、2032、2033、2034、2035、2047（图 15-1）。分别于 1986 年 4 月一次进行取样，根据水

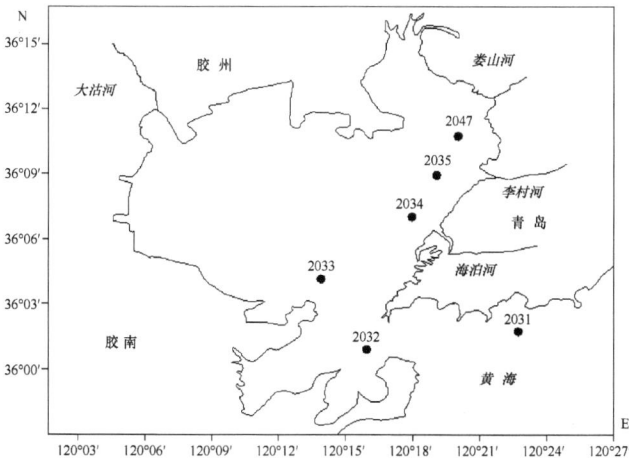

图 15-1　胶州湾调查站位

深取水样（＞10m 时取表层和底层，＜10m 时只取表层）进行调查。按照国家标准方法进行胶州湾水体 Cu 的调查，该方法被收录在国家的《海洋监测规范》（1991年）中[8]。

15.2 水 平 分 布

15.2.1 含 量 大 小

4 月，胶州湾水域 Cu 含量范围为 0.18～0.77μg/L，符合国家一类海水的水质标准（5.00μg/L）。这表明在 Cu 含量方面，4 月，在胶州湾整个水域，水质没有受到 Cu 的任何污染，水质清洁（表 15-1）。

表 15-1　4 月的胶州湾表层水质

项目	4 月
海水中 Cu 含量/（μg/L）	0.18～0.77
国家海水水质标准	一类海水

15.2.2 表层水平分布

4 月，在胶州湾的湾口水域 2032 站位，Cu 的含量达到较高（0.77μg/L），以湾口水域为中心形成了 Cu 的高含量区，形成了一系列不同梯度的平行线。Cu 含量从中心的高含量（0.77μg/L）向湾内的北部水域沿梯度递减到 0.18μg/L（图 15-2），同时，向湾外的东部水域沿梯度递减到 0.23μg/L（图 15-2）。

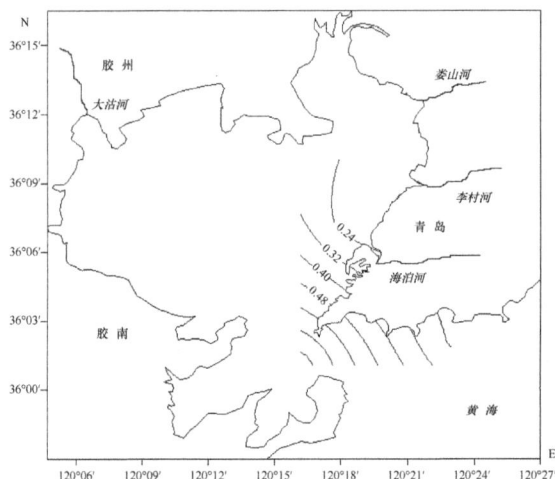

图 15-2　4 月表层 Cu 含量的分布（μg/L）

15.3　基础本底值

15.3.1　水　　质

4 月，Cu 在胶州湾水体中的含量范围为 0.18～0.77μg/L，符合国家一类海水的水质标准。这表明在 Cu 含量方面，4 月，在胶州湾整个水域，水质清洁，完全没有受到任何污染。

4 月，Cu 在胶州湾水体中的含量范围为 0.18～0.77μg/L，胶州湾水域没有受到污染。在胶州湾湾内的整个水域，Cu 的含量变化范围为 0.18～0.22μg/L，这表明在胶州湾的湾内水质，Cu 含量非常低。在湾口水域，Cu 的含量为 0.77μg/L，这表明在胶州湾的湾口水质，Cu 含量比较高。在湾外的整个水域，Cu 的含量变化为 0.23μg/L，这表明在胶州湾的湾外水质，Cu 含量比较低。

4 月，在胶州湾的整个水域，Cu 的含量变化范围为 0.18～0.77μg/L，这表明胶州湾的水质，在 Cu 含量方面，水质清洁，完全没有受到任何污染。而且其含量非常低，与国家一类海水的水质标准（5.00μg/L）相比，Cu 含量低一个量级。

15.3.2　来　　源

4 月，在胶州湾的湾口水域，形成了 Cu 的高含量区，这表明了 Cu 的来源是近岸岛尖端的输送，其 Cu 含量为 0.77μg/L，而且输送的含量比较高。在胶州湾的湾内水体中，从外海通过湾口，沿着从湾口到湾内的海流方向，Cu 含量在不断地递减，这表明在胶州湾的湾内水域，Cu 的来源是近岸岛尖端的输送，其 Cu 含量为 0.77μg/L。同时，在胶州湾的湾外水体中，从湾内通过湾口，沿着从湾口到湾外的海流方向，Cu 含量在不断地递减，这表明在胶州湾的湾外水域，Cu 的来源是近岸岛尖端的输送，其 Cu 含量为 0.77μg/L。

胶州湾水域 Cu 有一个主要来源，即近岸岛尖端的输送。来自近岸岛尖端输送的 Cu 含量为 0.77μg/L。因此，近岸岛尖端给胶州湾输送的 Cu 含量，远远小于国家一类海水的水质标准（5.00μg/L）。因此，近岸岛尖端没有受到任何 Cu 的污染。

15.3.3　湾内及湾外的基础本底值

胶州湾水域 Cu 有一个来源，即近岸岛尖端的输送。

4 月，在胶州湾的湾内整个水域，没有任何 Cu 的来源，Cu 的含量变化范围为 0.18～0.22μg/L，Cu 含量在水体中的分布是均匀的。在胶州湾的湾外水域，没有任何 Cu 的来源，Cu 的含量变化范围为 0.23μg/L，Cu 含量在水体中的分布是均匀的。而且，在湾内和湾外的水域，Cu 的含量分别为 0.18～0.22μg/L 和 0.23μg/L，是非常接近的。因此，4 月，在湾内和湾外的水域，没有 Cu 的来源，Cu 含量达到最低，为 0.10～0.22μg/L，而且，Cu 在水体中的含量分布是均匀的。这表明在胶州湾湾内水体中的 Cu 含量的基础本底值是 0.18～0.22μg/L，在胶州湾的湾外水体中的 Cu 含量的基础本底值是 0.23μg/L。这样，当没有 Cu 含量的来源时，胶州湾的湾内外水体中 Cu 含量的基础本底值是 0.18～0.23μg/L。

1985 年，外海海洋水体中 Cu 含量的基础本底值是 0.39μg/L。在胶州湾水体中 Cu 含量的基础本底值是 0.10～0.22μg/L。而 1986 年，胶州湾的湾内水体中 Cu 含量的基础本底值是 0.18～0.22μg/L，胶州湾湾外水体中 Cu 含量的基础本底值是 0.23μg/L。这揭示了虽然时间不同，可是在胶州湾湾内水体中 Cu 含量的基础本底值几乎保持不变，而且 Cu 含量的基础本底值最高值都是 0.22μg/L。

15.4 结 论

4 月，Cu 在胶州湾水体中的含量范围为 0.18～0.77μg/L，符合国家一类海水的水质标准。这表明在 Cu 含量方面，4 月，在胶州湾的整个水域，水质清洁，完全没有受到任何污染。

胶州湾水域 Cu 有一个来源，来自近岸岛尖端的输送。来自近岸岛尖端输送的 Cu 含量为 0.77μg/L。这表明近岸岛尖端给胶州湾输送的 Cu 含量，都远远小于国家一类海水的水质标准（5.00μg/L）。因此，近岸岛尖端没有受到任何 Cu 的污染。

在胶州湾湾内水体中 Cu 含量的基础本底值是 0.18～0.22μg/L，在胶州湾湾外水体中 Cu 含量的基础本底值是 0.23μg/L。而且，随着时间变化，胶州湾湾内水体中 Cu 含量的基础本底值却保持不变（0.22μg/L）。

作者认为，Cu 含量在海湾水体中是固有存在的。

参 考 文 献

[1] Yang D F, Miao Z Q, Song W P, et al. Research on the sources of Cu in Jiaozhou Bay. Advanced Materials Research, 2015, 1092-1093: 1013-1016.

[2] Yang D F, Miao Z Q, Cui W L, et al. Input and transfer processes of Cu in bay waters. Advances in Intelligent Systems Research, 2015: 17-20.

[3] Yang D F, Wang F Y, Zhu S X, et al. A research on the vertical transfer process of Cu in Jiaozhou Bay. Advances in Engineering Research, 2015, 31: 1284-1287.

[4] Yang D F, Zhu S X, Wu Y J, et al. Aggregation, divergence and homogeneity of Cu in Marine bay bottom waters.

Advances in Engineering Research, 2015, 31: 1288-1291.

[5] Yang D F, Zhu S X, Wang F Y, et al. The impact of marine current to Cu contents in Jiaozhou Bay. Advances in Computer Science Research, 2015: 1765-1769.

[6] Yang D F, Chen Y, Gao Z H, et al. Silicon limitation on primary production and its destiny in Jiaozhou Bay, China IV transect offshore the coast with estuaries. Chin J Oceanol Limnol, 2005, 23(1): 72-90.

[7] 杨东方, 王凡, 高振会, 等. 胶州湾浮游藻类生态现象. 海洋科学, 2004, 28(6): 71-74.

[8] 国家海洋局. 海洋监测规范. 北京: 海洋出版社, 1991.

第 16 章　胶州湾水域铜含量的年份变化

16.1　背　　景

16.1.1　胶州湾自然环境

胶州湾位于山东半岛南部，其地理位置为东经 120°04′～120°23′，北纬 35°58′～36°18′，以团岛与薛家岛连线为界，与黄海相通，面积约为 446km^2，平均水深约 7m，是一个典型的半封闭型海湾（图 16-1）。胶州湾入海的河流有十几条，其中径流量和含沙量较大的为大沽河和洋河，青岛市区的海泊河、李村河和娄山河等河流，这些河流均属季节性河流，河水水文特征有明显的季节性变化[15,16]。

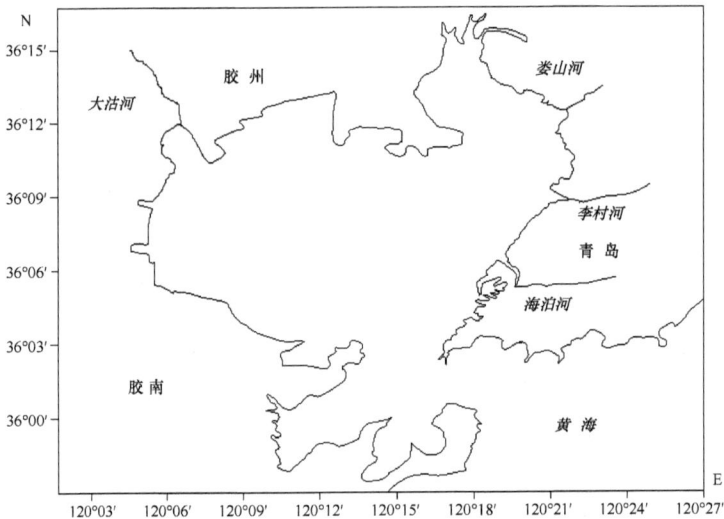

图 16-1　胶州湾地理位置

16.1.2　数据来源与方法

本研究所使用的调查数据由国家海洋局北海监测中心提供。胶州湾水体 Cu 的调查[1~14]按照国家标准方法进行，该方法被收录在国家的《海洋监测规范》（1991

年）中[17]。

1982 年 4 月、6 月、7 月和 10 月，1983 年 5 月、9 月和 10 月，1984 年 7 月、8 月和 10 月，1985 年 4 月、7 月和 10 月，1986 年 4 月，进行了胶州湾水体 Cu 的调查[1~14]。其站位如图 16-2～图 16-4 所示。

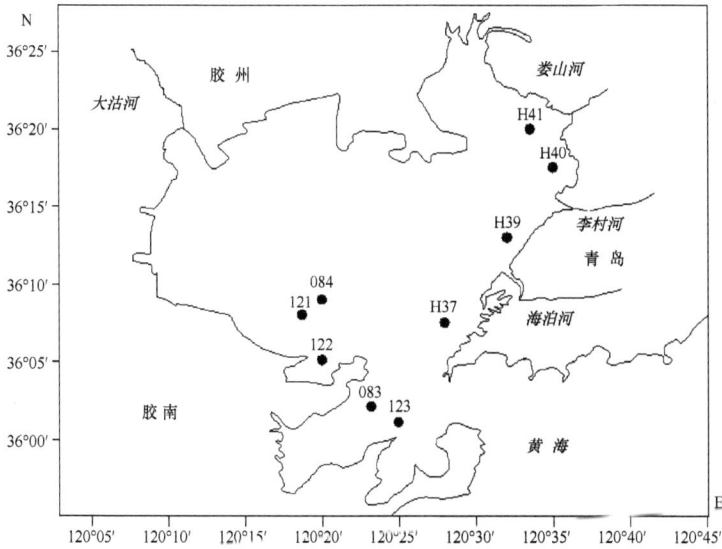

图 16-2　1982 年的胶州湾调查站位

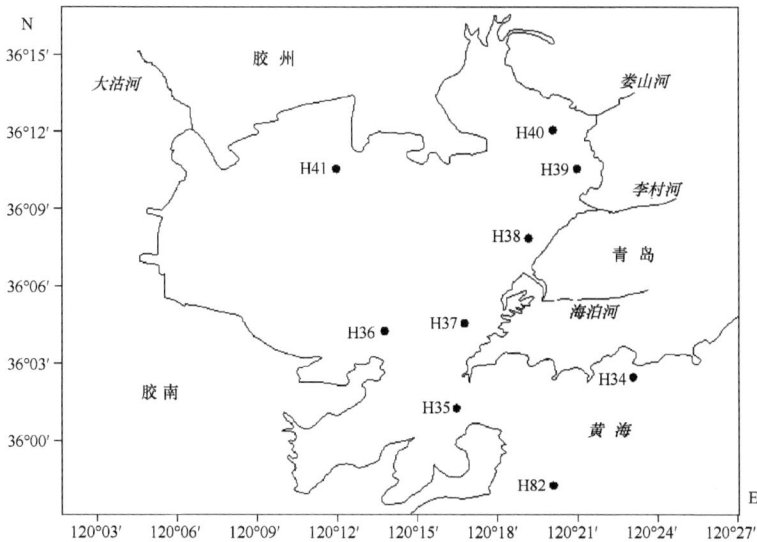

图 16-3　1983 年的胶州湾调查站位

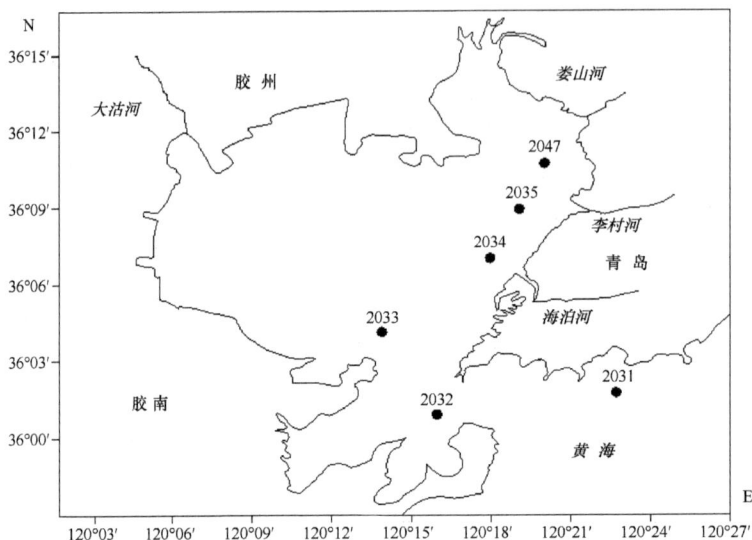

图 16-4 1984 年、1985 年和 1986 年的胶州湾调查站位

16.2 铜 的 含 量

16.2.1 含 量 大 小

1982 年、1983 年、1984 年、1985 年、1986 年，对胶州湾水体中的 Cu 进行调查，其含量的变化范围如表 16-1 所示。

表 16-1 4～10 月在胶州湾水体中的 Cu 含量　　　　（单位：μg/L）

年份	Cu 含量						
	4 月	5 月	6 月	7 月	8 月	9 月	10 月
1982 年			0.86～5.31	0.15～2.33			2.22～3.56
1983 年		2.47～20.60				0.86～4.86	0.77～3.00
1984 年				0.28～1.88	1.60～4.00		0.11～2.00
1985 年	0.11～0.43			0.10～0.38			0.18～0.39
1986 年	0.18～0.77						

1. 1982 年

6 月，胶州湾东部和北部沿岸水域 Cu 含量范围为 0.86～5.31μg/L。7 月和 10 月，胶州湾西南沿岸水域 Cu 含量范围为 0.15～3.56μg/L。6 月、7 月和 10 月，Cu 在胶州湾水体中的含量范围为 0.15～5.31μg/L，都没有超过国家二类海水的水质标准（10.00μg/L）。这表明在 Cu 含量方面，6 月、7 月和 10 月，在胶州湾整个水域，受到轻微污染（表 16-1）。

6 月，胶州湾东部和北部沿岸水域 Cu 含量范围为 0.86～5.31μg/L，胶州湾东部和北部沿岸水域 Cu 含量符合国家二类海水的水质标准（10.00μg/L）。这表明在整个胶州湾东部和北部沿岸水域，由于 Cu 含量在胶州湾水域有超过5.00μg/L，但远远小于 10.00μg/L，说明在 Cu 含量方面，在胶州湾整个水域，受到轻微污染。

7 月，在胶州湾西南沿岸水体中的 Cu 含量范围为 0.15～2.33μg/L，胶州湾西南沿岸水域 Cu 含量达到了国家一类海水的水质标准（5.00μg/L）。这表明在整个胶州湾西南沿岸水域，在 Cu 含量方面，没有受到任何污染，水质清洁。

10 月，在胶州湾西南沿岸水体中的 Cu 含量范围为 2.22～3.56μg/L，胶州湾西南沿岸水域 Cu 含量达到了一类海水的水质标准（5.00μg/L）。这表明在整个胶州湾西南沿岸水域，在 Cu 含量方面，没有受到任何污染，水质清洁。

6 月、7 月和 10 月，Cu 在胶州湾水体中的含量范围为 0.15～5.31μg/L，都没有超过国家二类海水的水质标准。这表明 6 月、7 月和 10 月胶州湾表层水质，在整个水域符合国家二类海水的水质标准（表 16-1）。由于 Cu 含量在胶州湾水域有超过 5.00μg/L，但远远小于 10.00μg/L，说明在 Cu 含量方面，在胶州湾整个水域，受到轻微污染。

7 月和 10 月，胶州湾西南沿岸水域 Cu 含量范围为 0.15～3.56 μg/L，都符合国家一类海水的水质标准（5.00μg/L）。6 月，胶州湾东部和北部沿岸水域 Cu 含量范围为 0.86～5.31μg/L，没有超过国家二类海水的水质标准（10.00μg/L）。这表明在 Cu 含量方面，胶州湾西南沿岸水域比胶州湾东部和北部沿岸水域在 Cu 的污染程度方面相对要轻一些。6 月、7 月和 10 月，Cu 在胶州湾水体中的含量范围为0.15～5.31μg/L，都没有超过国家二类海水的水质标准。因此，在胶州湾西南沿岸水域，Cu 含量符合国家一类海水的水质标准，水质没有受到任何 Cu 的污染；在胶州湾东部和北部沿岸水域，Cu 含量符合国家二类海水的水质标准，水质没有受到 Cu 的轻微污染。于是，在整个胶州湾水域，Cu 含量符合国家二类海水的水质标准，水质受到 Cu 的轻微污染。

2. 1983 年

5 月、9 月和 10 月，Cu 在胶州湾水体中的含量范围为 0.77～20.60μg/L，都符合国家一类海水的水质标准（5.00μg/L）、二类海水的水质标准（10.00μg/L）和三类海水的水质标准（20.00μg/L）以及超过三类海水的水质标准。这表明在 Cu 含量方面，5 月、9 月和 10 月，在胶州湾水域，水质受到 Cu 的重度污染（表 16-1）。

5 月，Cu 在胶州湾水体中的含量范围为 2.47～20.60μg/L，胶州湾水域受到

Cu 的重度污染。在胶州湾,从湾口到湾内的整个水域,Cu 的含量变化范围为 2.47~10.57μg/L,这表明湾内水质,在 Cu 含量方面,达到了国家三类海水的水质标准,水质受到了 Cu 的中度污染。在胶州湾外,Cu 含量达到比较高(16.07~20.60μg/L),这展示了超过国家三类海水的水质标准,水质受到了 Cu 的重度污染。

9 月,Cu 在胶州湾水体中的含量范围为 0.86~4.86μg/L,胶州湾水域受到 Cu 轻微的污染。在胶州湾,从湾口内到湾内的整个水域,Cu 的含量变化范围为 0.86~2.44μg/L,这表明湾内水质,在 Cu 含量方面,符合国家一类海水的水质标准,水质没有受到 Cu 的任何污染。可是,在胶州湾的湾口水域,Cu 含量达到最高(4.86μg/L),这表明在胶州湾的湾口水域,Cu 含量比较高,接近国家一类海水的水质标准,该水域受到 Cu 的轻微污染。

10 月,Cu 在胶州湾水体中的含量范围为 0.77~3.00μg/L,符合国家一类海水的水质标准(5.00μg/L),胶州湾水域没有受到 Cu 的污染。在胶州湾东北部的近岸水域,Cu 含量比较高(3.00μg/L),但是,远远低于国家一类海水的水质标准。这表明在胶州湾水域,Cu 含量比较低,该水域没有受到污染。

因此,5 月、9 月和 10 月,胶州湾南部沿岸水域 Cu 含量比较高,北部沿岸水域 Cu 含量比较低。5 月,在胶州湾整个湾内水域,水质受到了中度污染。在胶州湾的湾外水域,水质受到 Cu 的重度污染。9 月,在胶州湾的湾口内水域,符合国家一类海水的水质标准,水质没有受到 Cu 的任何污染。在胶州湾的湾口水域,Cu 含量比较高,接近国家一类海水的水质标准,该水域受到 Cu 的轻微污染。10 月,在整个胶州湾水域,符合国家一类海水的水质标准,胶州湾水域没有受到 Cu 的污染。

3. 1984 年

7 月、8 月和 10 月,Cu 在胶州湾水体中的含量范围为 0.11~4.00μg/L,都符合国家一类海水的水质标准(5.00μg/L)。这表明在 Cu 含量方面,7 月、8 月和 10 月,在胶州湾水域,水质清洁,完全没有受到任何污染(表 16-1)。

7 月,Cu 在胶州湾水体中的含量范围为 0.28~1.88μg/L,胶州湾水域没有受到 Cu 的污染。在胶州湾,从湾内到湾口的整个水域,Cu 的含量变化范围为 1.83~1.88μg/L,这表明胶州湾湾内水质,虽然 Cu 含量达到比较高,但没有受到 Cu 的污染。在胶州湾,从湾口到湾外的整个水域,Cu 的含量变化范围为 0.28~0.40μg/L,这表明胶州湾湾外水质,在 Cu 含量方面,水质清洁,完全没有受到任何污染。而且其含量非常低,与湾内水质相比,Cu 含量低一个量级。

8 月,Cu 在胶州湾水体中的含量范围为 1.60~4.00μg/L,胶州湾水域没有受到 Cu 的任何污染。在胶州湾,从娄山河的入海口近岸水域到李村河的入海口近岸水域,Cu 的含量变化范围为 1.60~4.00μg/L,这表明湾内水质,在 Cu 含量方面，符合国家一类海水的水质标准，水质没有受到 Cu 的任何污染，但其含量相对比较高。

10 月，Cu 在胶州湾水体中的含量范围为 0.11～2.00μg/L，胶州湾水域没有受到 Cu 的任何污染。在胶州湾，从湾口水域一直到娄山河的入海口近岸水域，Cu 含量的变化范围为 0.90～0.11μg/L，这表明在湾口水域一直到娄山河的入海口近岸水域的水质，在 Cu 含量方面，符合国家一类海水的水质标准，水质没有受到 Cu 的任何污染，而且其含量非常低，与湾外水质相比，Cu 含量低一个量级。而在湾外水域的水质，Cu 含量达到比较高（2.00μg/L），在 Cu 含量方面，符合国家一类海水的水质标准，水质没有受到污染。

因此，7 月和 8 月，胶州湾湾内水域 Cu 含量比较高，湾外水域 Cu 含量比较低。而在 10 月，胶州湾湾内水域 Cu 含量比较低，湾外水域 Cu 含量比较高。7 月、8 月和 10 月，在胶州湾水域，水质清洁，完全没有受到 Cu 的任何污染。尤其在 7 月和 8 月的湾外以及 10 月的湾内，Cu 含量非常低。

4. 1985 年

4 月、7 月和 10 月，Cu 在胶州湾水体中的含量范围为 0.10～0.43μg/L，符合国家一类海水的水质标准。这表明在 Cu 含量方面，4 月、7 月和 10 月，在胶州湾整个水域，水质清洁，完全没有受到 Cu 的任何污染（表 16-1）。

4 月，Cu 在胶州湾水体中的含量范围为 0.11～0.43μg/L，胶州湾水域没有受到 Cu 的污染。在胶州湾，从湾口到湾外的整个水域，Cu 的含量变化范围为 0.36～0.39μg/L，这表明从胶州湾口到湾外水质，Cu 含量比较高。在李村河的入海口近岸水域，Cu 含量比较高，为 0.43μg/L，而在胶州湾的其他水域 Cu 含量比较低，为 0.11～0.13μg/L。那么，在湾内，小部分水域 Cu 含量比较高。而在湾口及湾外，整个水域 Cu 含量比较高。

7 月，Cu 在胶州湾水体中的含量范围为 0.10～0.38μg/L，胶州湾水域没有受到 Cu 的污染。在胶州湾，从湾西南部近岸水域到湾外的整个水域，Cu 的含量变化范围为 0.10～0.22μg/L，这表明从胶州湾西南部到湾外水质，Cu 含量比较低。在海泊河、李村河和娄山河的入海口近岸水域，Cu 含量比较高，为 0.37～0.38μg/L。因此，在湾的东北部及东部水域，Cu 含量比较高。然而，在湾西南及湾外，整个水域 Cu 含量比较低。

10 月，Cu 在胶州湾水体中的含量范围为 0.18～0.39μg/L，胶州湾水域没有受到 Cu 的污染。在胶州湾的整个水域，Cu 的含量变化范围为 0.18～0.20μg/L，这表明在胶州湾的整个水域，Cu 含量比较低，而且分布均匀。在胶州湾，从湾口到湾外的整个水域，Cu 的含量变化范围为 0.25～0.39μg/L，这表明从胶州湾的湾口到湾外水质，Cu 含量比较高。

4 月、7 月和 10 月，在胶州湾的整个水域，Cu 的含量变化范围为 0.10～0.43μg/L，这表明胶州湾的水质，在 Cu 含量方面，水质清洁，完全没有受到任何污染。而且其含量非常低，与国家一类海水的水质标准（5.00μg/L）相比，Cu 含量低一个量级。

5. 1986 年

4 月，Cu 在胶州湾水体中的含量范围为 0.18～0.77μg/L，符合国家一类海水的水质标准。这表明在 Cu 含量方面，4 月，在胶州湾整个水域，水质清洁，完全没有受到 Cu 的任何污染（表 16-1）。

4 月，Cu 在胶州湾水体中的含量范围为 0.18～0.77μg/L，胶州湾水域没有受到 Cu 的污染。在胶州湾，在湾内的整个水域，Cu 的含量变化范围为 0.18～0.22μg/L，这表明在胶州湾的湾内水域，Cu 含量非常低。在湾口水域，Cu 的含量为 0.77μg/L，这表明在胶州湾的湾口水质，Cu 含量比较高。在湾外的整个水域，Cu 的含量变化为 0.23μg/L，这表明在胶州湾的湾外水域，Cu 含量比较低。

4 月，在胶州湾的整个水域，Cu 的含量变化范围为 0.18～0.77μg/L，这表明胶州湾水域，在 Cu 含量方面，水质清洁，完全没有受到任何污染，而且其含量非常低，与国家一类海水的水质标准（5.00μg/L）相比，Cu 含量低一个量级。

16.2.2 年 份 变 化

4 月，1985～1986 年 Cu 含量在胶州湾水体中，无论高值或者低值都在增加，可是 Cu 含量本身比较小。5 月，1982～1986 年，Cu 含量在胶州湾水体中最高。同样，6 月，1982～1986 年，Cu 含量在胶州湾水体中也很高。7 月，1982～1985 年 Cu 含量在胶州湾水体中，无论高值或者低值都在减少。8 月和 9 月，1982～1986 年，Cu 含量在胶州湾水体中也是比较高。7 月，1982～1985 年 Cu 含量在胶州湾水体中，无论高值或者低值都在减少。而且，Cu 含量在持续下降。

因此，1982～1986 年，在胶州湾水体中，只有在 4 月 Cu 含量有稍微的增加，其 Cu 含量本身非常低。5 月、6 月、8 月和 9 月 Cu 含量都比较高，尤其 5 月的 Cu 含量非常高。7 月和 10 月 Cu 含量都在减少，尤其 10 月的 Cu 含量有大幅度的减少。

16.2.3 季 节 变 化

以每年 4 月、5 月、6 月代表春季，7 月、8 月、9 月代表夏季，10 月、11 月、

12 月代表秋季。1982～1986 年,在胶州湾水体中的 Cu 含量在春季很高,为 0.11～20.60μg/L,在胶州湾水体中的 Cu 含量在夏季比较高,为 0.10～4.86μg/L,在胶州湾水体中的 Cu 含量在秋季比较低,为 0.11～3.56μg/L。相比春季、夏季和秋季,在胶州湾水体中的 Cu 含量在春季很高,夏季较高,秋季较低。在春季、夏季和秋季,在胶州湾水体中 Cu 含量的低值都达到 0.10～0.11μg/L,这表明在春季、夏季和秋季,在胶州湾水体中 Cu 含量无论高值还是低值,最后 Cu 含量都会降低到 0.10～0.11μg/L,这是在胶州湾水体中 Cu 含量的环境基础值。

1982 年,Cu 含量较高。随着季节的变化,Cu 含量有减少,胶州湾水体中的 Cu 含量在春季比较高,夏季和秋季含量相对较低。

1983 年,Cu 含量很高。随着季节的变化,Cu 含量大幅度减少,胶州湾水体中的 Cu 含量在春季很高,在夏季比较高,在秋季较低。

1985 年,Cu 含量很低。随着季节的变化,Cu 含量稍微有减少,胶州湾水体中的 Cu 含量在春季比较高,夏季和秋季含量相对较低。

1985～1986 年,在整个胶州湾水域,在水体中 Cu 含量无论高值还是低值,都随着季节的变化,Cu 含量在减少。在一年中,Cu 含量高值在春季。

16.3 铜的年份变化

16.3.1 水 质

以每年 4 月、5 月、6 月代表春季,7 月、8 月、9 月代表夏季,10 月、11 月、12 月代表秋季。1982～1986 年,在春季,水体中 Cu 的含量从一类、二类海水水质提高到一类海水水质;在夏季和秋季,水体中 Cu 的含量一直维持在一类海水水质,而且水质更加改善。这表明 Cu 的含量在春季的输入非常大,而在夏季、秋季的输入却非常小。并且 Cu 的含量随着时间的变化,在春季的输入在大幅度减少,而在夏季、秋季的输入也在小幅度的减少(表 16-2)。因此,1982～1986

表16-2 春季、夏季、秋季的胶州湾表层水质

年份	春季	夏季	秋季
1982 年	一类、二类	一类	一类
1983 年	一类、二类、三类	一类	一类
1984 年		一类	一类
1985 年	一类	一类	一类
1986 年	一类		

年，在早期的春季胶州湾受到 Cu 含量的重度污染，而到了晚期，春季胶州湾没有受到 Cu 含量的任何污染；在夏季、秋季，1982～1986 年，一直保持着胶州湾没有受到 Cu 含量的任何污染。尤其在 10 月，1982～1986 年，胶州湾水体中 Cu 含量在逐年减少，在 Cu 含量方面，水质非常清洁。

16.3.2 含量变化

1982～1986 年，在前三年中，胶州湾水体中 Cu 含量的高值一直在 1.88～20.60μg/L 摆动，到了后两年中，Cu 含量的高值减少的幅度比较大（图 16-5）。这表明在前三年中胶州湾水体中 Cu 含量一直受到人类活动的输送。到了后两年中，胶州湾水体中 Cu 含量开始受到自然界的输送。

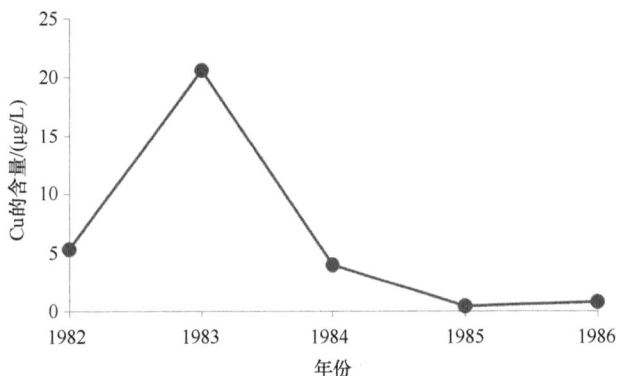

图 16-5　胶州湾水体中 Cu 的最高含量的变化（μg/L）

1982～1986 年，在前三年，胶州湾水体中 Cu 含量的低值一直在 0.11～2.47μg/L 摆动，到了后两年，Cu 含量的低值在 0.10～0.18μg/L 摆动。这表明在胶州湾水体中，Cu 含量环境背景值几乎没有受到胶州湾水体中 Cu 含量的高值变化。整个胶州湾水域输入的 Cu 含量并没有在累积增长。

因此，1982～1986 年，在胶州湾水体中 Cu 含量的变化展示了，最初，在前两年期间，在 Cu 含量方面，整个胶州湾的水体受到 Cu 含量的轻度、中度和重度污染。随着向胶州湾水域输入 Cu 含量在不断地减少，到了第三年，在 Cu 含量方面，整个胶州湾的水体就没有受到 Cu 的污染，回归到自然水域。于是，在后两年期间，向胶州湾水域输入的 Cu 在进一步减少，在 Cu 含量方面，整个胶州湾的水体是非常清洁的。在前三年期间，胶州湾水体中 Cu 含量一直受到人类活动的输送。到了后两年期间，胶州湾水体中 Cu 含量开始受到自然界的输送。

16.4　结　　论

1982~1986 年，Cu 含量发生了很大的变化。

在水质尺度上，1982~1986 年，在早期的春季胶州湾受到 Cu 的重度污染，而到了晚期，春季胶州湾没有受到 Cu 的任何污染；在夏季、秋季，1982~1986 年，一直保持着胶州湾没有受到 Cu 的任何污染。尤其在 10 月，1982~1986 年，胶州湾水体中 Cu 含量在逐年减少，在 Cu 含量方面，水质非常清洁。

在月份尺度上，1982~1986 年，在胶州湾水体中，只有在 4 月 Cu 含量有稍微的增加，其 Cu 含量本身非常低。5 月、6 月、8 月和 9 月 Cu 含量都比较高，尤其 5 月的 Cu 含量非常高。7 月和 10 月 Cu 含量都在减少，尤其 10 月的 Cu 含量有大幅度的减少。

在季节尺度上，1982~1986 年，相比春季、夏季和秋季，胶州湾水体中的 Cu 含量在春季很高，夏季较高，秋季较低。在春季、夏季和秋季，胶州湾水体中 Cu 含量无论高值还是低值，最后 Cu 含量都会降低到 0.10~0.11μg/L，这是胶州湾水体中 Cu 含量的环境基础值。在整个胶州湾水域，在水体中 Cu 含量无论高值还是低值，都随着季节的变化在减少。在一年中，Cu 含量高值在春季。

在年际的尺度上，1982~1986 年，在胶州湾水休中 Cu 含量的变化展示了，在胶州湾水体中 Cu 含量逐年在减少，而且，向胶州湾水域输入的 Cu 在不断地减少，从整个胶州湾的水体受到 Cu 含量的轻度、中度和重度污染，转变为整个胶州湾的水体是非常清洁的。从胶州湾水体中 Cu 含量一直受到人类活动的输送，转变为受到自然界的输送。因此，向胶州湾排放的 Cu 在减少，使得胶州湾水域的 Cu 含量也在逐渐减少。

在经济迅速发展的过程中，Cu 在工农业和日常生活中也得到广泛的应用。然而，随着我国对环境的改善，水体中 Cu 含量在迅速地减少，尤其是在春季，Cu 的高含量大幅度减少。Cu 污染在水体环境的治理中取得了显著的成效。

参 考 文 献

[1] Yang D F, Miao Z Q, Song W P, et al. Research on the sources of Cu in Jiaozhou Bay. Advanced Materials Research, 2015, 1092-1093: 1013-1016.

[2] Yang D F, Miao Z Q, Cui W L, et al. Input and transfer processes of Cu in bay waters. Advances in Intelligent Systems Research, 2015: 17-20.

[3] Yang D F, Wang F Y, Zhu S X, et al. A research on the vertical transfer process of Cu in Jiaozhou Bay. Advances in Engineering Research, 2015, 31: 1284-1287.

[4] Yang D F, Zhu S X, Wu Y J, et al. Aggregation, divergence and homogeneity of Cu in Marine bay bottom waters. Advances in Engineering Research, 2015, 31: 1288-1291.

[5]　Yang D F, Wang F Y, Zhu S X, et al. Environmental conditions of Jiaozhou Bay in 1980. Materials Engineering and Information Technology Apllication, 2015: 554-557.

[6]　Yang D F, Zhu S X, Zhao X L, et al. Environmental conditions of Jiaozhou Bay, 1981. Advances in Engineering Research, 2015, 40: 770-775.

[7]　Yang D F, Zhu S X, Wang F Y, et al. The impact of marine current to Cu contents in Jiaozhou Bay. Advances in Computer Science Research, 2015: 1765-1769.

[8]　Yang D F, Zhu S X, Wang F Y, et al. The good water quality on Cu in Jiaozhou Bay waters. Advances in Engineering Research, 2016, 60: 408-411.

[9]　Yang D F, Zhu S X, Wang M, et al. Different sources and high sedimentation rate regions of Cu in JiaozhouBay. Advances in Engineering Research, 2016, 67: 1311-1314.

[10]　Yang D F, Yang D F, Wang M, et al. Sedimentation process and high sedimentation rate position of Cu in JiaozhouBay. Advances in Engineering Research, 2016, Part G: 1917-1920.

[11]　Yang D F, Yang D F, He H Z, et al. Background level of Cu in Jiaozhou Bay and open sea. Advances in Engineering Research, 2016, 84: 852-856.

[12]　Yang D F, He H Z, Wang F Y, et al. High Cu sedimentation locations in Jiaozhou Bay. Advances in Materials Science, Energy Technology and Environmental Engineering, 2017: 291-294.

[13]　Yang D F, Zhu S X, Yang D F, et al. Vertical distribution of Cu in waters in the bay mouth of Jiaozhou Bay. Computer Life, 2016, 4(6): 579-584.

[14]　Yang D F, Yang D F, Tao X Z, et al. Natural background value of Cu in Jiaozhou Bay. World Scientific Research Journal, 2016, 2(2): 69-73.

[15]　Yang D F, Chen Y, Gao Z H, et al. Silicon Limitation on primary production and its destiny in Jiaozhou Bay, China Ⅳ transect offshore the coast with estuaries. Chin J Oceanol Limnol, 2005, 23(1): 72-90.

[16]　杨东方, 王凡, 高振会, 等. 胶州湾浮游藻类生态现象. 海洋科学, 2004, 28(6): 71-74.

[17]　国家海洋局. 海洋监测规范. 北京: 海洋出版社, 1991.

第17章 胶州湾水域铜来源变化过程

17.1 背　景

17.1.1 胶州湾自然环境

胶州湾位于山东半岛南部，其地理位置为东经 120°04′～120°23′，北纬 35°58′～36°18′，以团岛与薛家岛连线为界，与黄海相通，面积约为 446km^2，平均水深约 7m，是一个典型的半封闭型海湾（图 17-1）。胶州湾入海的河流有十几条，其中径流量和含沙量较大的为大沽河和洋河，青岛市区的海泊河、李村河和娄山河等河流，这些河流均属季节性河流，河水水文特征有明显的季节性变化[15,16]。

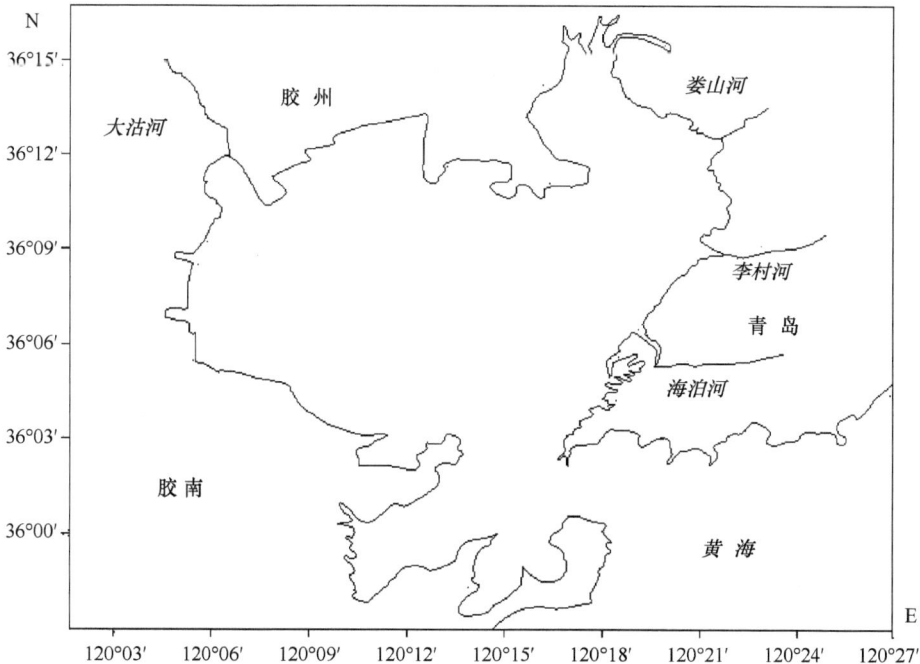

图 17-1　胶州湾地理位置

17.1.2　数据来源与方法

本研究所使用的调查数据由国家海洋局北海监测中心提供。胶州湾水体 Cu 的调查[1~14]按照国家标准方法进行,该方法被收录在国家的《海洋监测规范》(1991年)中[17]。

1982 年 4 月、6 月、7 月和 10 月,1983 年 5 月、9 月和 10 月,1984 年 7 月、8 月和 10 月,1985 年 4 月、7 月和 10 月,1986 年 4 月,进行胶州湾水体 Cu 的调查[1~14]。

17.2　水 平 分 布

17.2.1　1982 年 6 月、7 月和 10 月水平分布

7 月,以湾口水域为中心形成了铜的高含量区(2.33μg/L),形成了一系列不同梯度的平行线。铜含量从中心的高含量(2.33μg/L)向湾内水域沿梯度递减到 0.15μg/L。10 月,以西南沿岸水域为中心形成了铜的高含量区(3.56μg/L),形成了一系列不同梯度的平行线。铜含量从中心的高含量(3.56μg/L)向湾中心水域沿梯度递减到 2.22μg/L。

6 月,在胶州湾内东部和北部沿岸水域,以湾口水域为中心形成了一系列不同梯度的平行线。铜含量从中心的高含量(5.31μg/L)沿梯度下降,铜的含量值从湾西南湾口的 5.31μg/L 降低到湾底东北部的 0.86μg/L,这说明在胶州湾水体中从外海域通过湾口,沿着从湾外到湾内的海流方向,铜含量在不断地递减(图 17-2)。

17.2.2　1983 年 5 月、9 月和 10 月水平分布

5 月,以湾外水域为中心形成了 Cu 的高含量区(16.07~20.60μg/L),沿着胶州湾的海湾通道从湾外到湾内,形成了一系列不同梯度的平行线。Cu 含量从中心的高含量(20.60μg/L)向湾内水域沿梯度递减到(2.47μg/L)(图 17-3)。这说明在胶州湾水体中从外海域通过湾口,沿着从湾外到湾内的海流方向,Cu 含量在不断地递减(图 17-3)。在胶州湾东北部,以娄山河的入海口近岸水域为中心形成了 Cu 的高含量区(10.57μg/L),形成了一系列不同梯度的半个同心圆。Cu 含量从中心的高含量(10.57μg/L)沿梯度递减到湾口水域的 4.75μg/L(图 17-3)。以胶州湾东部的接近湾口近岸水域为中心形成了 Cu 的高含量区(9.48μg/L),形成了一系列不同梯度的半个同心圆。Cu 含量从中心的高含量(9.48μg/L)沿梯度递减到湾口水域的 2.94μg/L(图 17-3)。

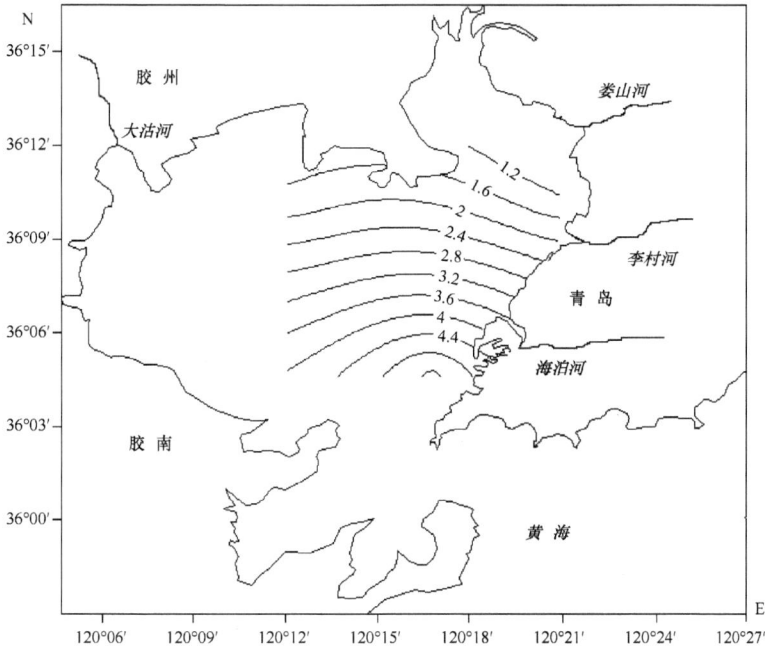

图 17-2　1982 年 6 月表层 Cu 含量的分布（μg/L）

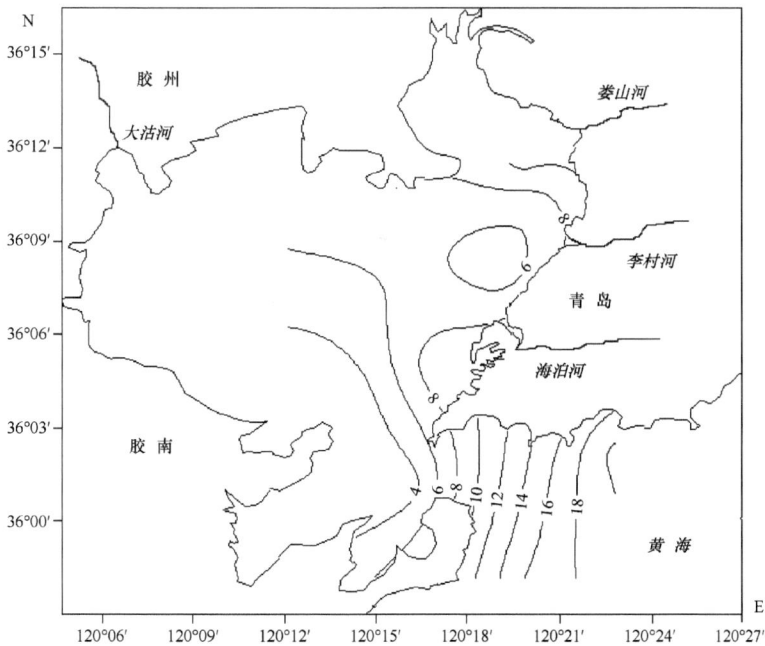

图 17-3　1983 年 5 月表层 Cu 含量的分布（μg/L）

9月,以胶州湾湾口水域为中心形成了Cu的高含量区(4.86μg/L),形成了一系列不同梯度的半个同心圆。Cu含量从中心的高含量(4.86μg/L)向湾内的北部水域沿梯度递减到0.86μg/L,同时,向湾外的东部水域沿梯度递减到1.43μg/L。在胶州湾东部,以李村河和海泊河的入海口之间的近岸水域为中心形成了Cu的高含量区(2.20μg/L),形成了一系列不同梯度的半个同心圆。Cu含量从中心的高含量(2.20μg/L)沿梯度递减到湾北部水域的0.86μg/L。

10月,在胶州湾东北部,以娄山河的入海口近岸水域东北部近岸水域为中心形成了Cu的高含量区(3.00μg/L),形成了一系列不同梯度的半个同心圆。Cu含量从中心的高含量(3.00μg/L)沿梯度递减到湾口水域的0.77μg/L。以湾外水域为中心形成了Cu的高含量区(2.28μg/L),形成了一系列不同梯度的半个同心圆。Cu含量从中心的高含量(2.28μg/L)向湾外南部水域沿梯度递减到1.75μg/L。

17.2.3 1984年7月、8月和10月水平分布

7月,在胶州湾东北部,以海泊河的入海口近岸水域为中心形成了Cu的高含量区(1.88μg/L),形成了一系列不同梯度的平行线。Cu含量从中心的高含量(1.88μg/L)沿梯度递减到湾口水域的0.28μg/L(图17-4)。

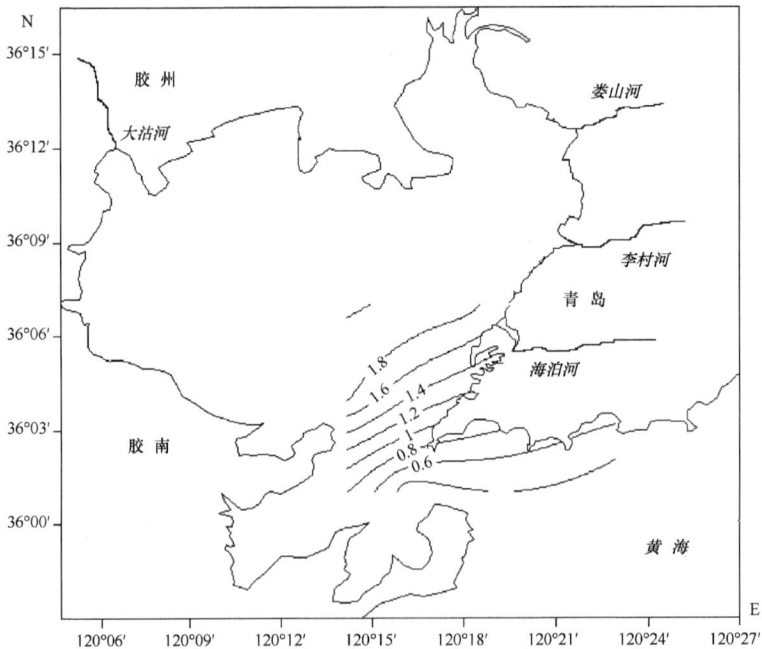

图17-4 1984年7月表层Cu含量的分布(μg/L)

8 月，在胶州湾东北部，以李村河的入海口近岸水域为中心形成了 Cu 的高含量区（4.00μg/L），形成了一系列不同梯度的半个同心圆。Cu 含量从中心的高含量（4.00μg/L）沿梯度递减到娄山河入海口近岸水域的 1.60μg/L。

10 月，以胶州湾湾外的东部近岸水域为中心形成了 Cu 的高含量区（2.00μg/L），形成了一系列不同梯度的平行线。Cu 含量从中心的高含量（2.00μg/L）沿梯度递减到湾口水域的 0.90μg/L，甚至递减到湾内东北部，在娄山河的入海口近岸水域为 0.11μg/L。

17.2.4　1985 年 4 月、7 月和 10 月水平分布

4 月，在胶州湾东北部，以李村河的入海口近岸水域为中心形成了 Cu 的高含量区（0.43μg/L），形成了一系列不同梯度的半个同心圆。Cu 含量从中心的高含量（0.43μg/L）沿梯度递减到胶州湾西南部近岸水域的 0.11μg/L。以胶州湾湾外的东部近岸水域为中心形成了 Cu 的高含量区（0.39μg/L），形成了一系列不同梯度的平行线。Cu 含量从中心的高含量（0.39μg/L）沿梯度递减到胶州湾西南部近岸水域的 0.11μg/L。

7 月，在胶州湾东北部，以海泊河的入海口近岸水域为中心形成了 Cu 的高含量区（0.38μg/L），形成了一系列不同梯度的平行线。Cu 含量从中心的高含量（0.38μg/L）沿梯度递减到湾口水域的 0.22μg/L（图 17-5），甚至递减到湾外水域的 0.10μg/L（图 17-5）。

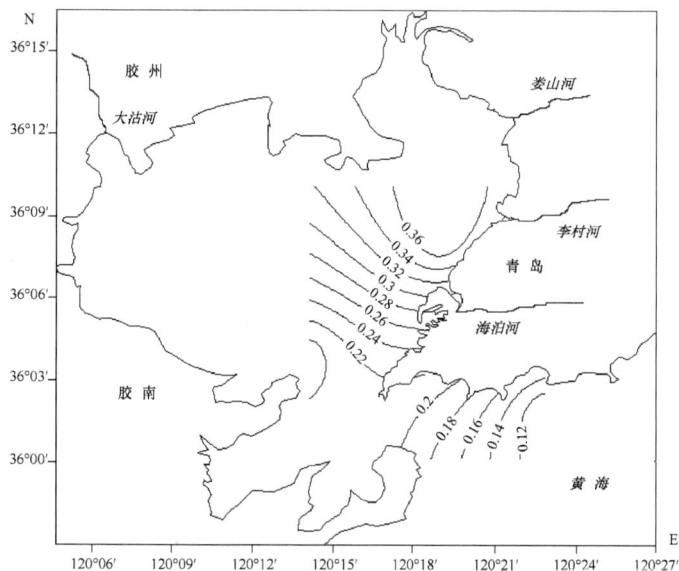

图 17-5　1985 年 7 月表层 Cu 含量的分布（μg/L）

10 月，以胶州湾湾外的东部近岸水域为中心形成了 Cu 的高含量区（0.39μg/L），形成了一系列不同梯度的平行线。Cu 含量从中心的高含量（0.39μg/L）沿梯度递减到胶州湾西南部近岸水域的 0.18μg/L。

17.2.5 1986 年 4 月水平分布

4 月，以胶州湾的湾口水域为中心形成了 Cu 的高含量区（0.77μg/L），形成了一系列不同梯度的平行线。Cu 含量从中心的高含量（0.77μg/L）向湾内的北部水域沿梯度递减到 0.18μg/L（图 17-6），同时，向湾外的东部水域沿梯度递减到 0.23μg/L（图 17-6）。

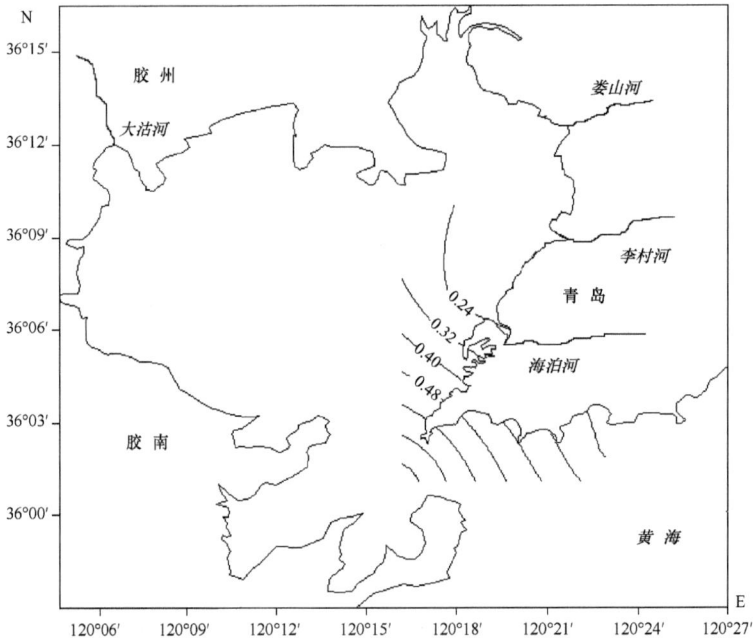

图 17-6 1986 年 4 月表层 Cu 含量的分布（μg/L）

17.3 铜 的 来 源

17.3.1 来源的位置

1982～1986 年，每一年中胶州湾出现了 Cu 含量最高值的位置，展示了向胶州湾输送 Cu 含量的来源和大小。

1. 1982 年

1982 年 7 月，胶州湾湾口水域形成了铜的高含量区（2.33μg/L），并且形成了一系列不同梯度的半个平行线，沿梯度从湾口到湾内水域递减到 0.15μg/L。这表明了 Cu 来源自外海海流的输送。

1982 年 10 月，胶州湾西南沿岸水域形成了铜的高含量区（3.56μg/L），并且形成了一系列不同梯度的平行线，沿梯度向湾中心水域递减到 2.22μg/L。这表明了铜来源自地表径流的输送。

1982 年 6 月，在湾口水域铜含量达到最高，为 5.31μg/L。在胶州湾水体中，从外海域通过湾口，沿着从湾外到湾内的海流方向，铜含量在不断地递减，降低到湾底东北部的 0.86μg/L。这表明在胶州湾水域，铜的来源是来自外海海流的输送。

因此，胶州湾水域铜含量主要来自地表径流的输送、外海海流的输送。地表径流输送来源的铜含量为 3.56μg/L，而外海海流输送来源的铜含量为 2.33～5.31μg/L。外海海流输送的铜含量比地表径流输送的铜含量高。

2. 1983 年

1983 年 5 月，在胶州湾水体中，从外海海域通过湾口，沿着从湾外到湾内的海流方向，Cu 含量在不断地递减，这表明在胶州湾水域，Cu 的来源是外海海流的输送，其 Cu 含量为 20.60μg/L。在胶州湾东北部，在娄山河的入海口近岸水域形成了 Cu 的高含量区，这表明了 Cu 的来源是河流的输送，其 Cu 含量为 10.57μg/L。在胶州湾东部的近岸水域，形成了 Cu 的高含量区，这表明了 Cu 的来源是船舶码头的输送，其 Cu 含量为 9.48μg/L。

1983 年 9 月，在胶州湾的湾口水域形成了 Cu 的高含量区，这表明了 Cu 的来源是近岸岛尖端的高含量输送，其 Cu 含量为 4.86μg/L。在胶州湾东部，李村河和海泊河的入海口之间的近岸水域形成了 Cu 的较高含量区，这表明了 Cu 的来源是河流的较高含量输送，其 Cu 含量为 2.20μg/L。

1983 年 10 月，在胶州湾东北部，娄山河和李村河的入海口之间的近岸水域形成了 Cu 的较高含量区，这表明了 Cu 的来源是河流的较高含量输送，其 Cu 含量为 3.00μg/L。在胶州湾湾外的东部近岸水域形成了 Cu 的较高含量区，这表明了 Cu 的来源是地表径流的较小含量输送，其 Cu 含量为 2.28μg/L。

胶州湾水域 Cu 有 5 个来源，主要来自外海海流的输送、河流的输送、船舶码头的输送、近岸岛尖端的输送和地表径流的输送。来自外海海流输送的 Cu 含量为 20.60μg/L，来自河流输送的 Cu 含量为 2.20～10.57μg/L，来自船舶码头输送的 Cu 含量为 9.48μg/L，来自近岸岛尖端输送的 Cu 含量为 4.86μg/L，来自地表径流输送的 Cu 含量为 2.28μg/L。

3. 1984 年

1984 年 7 月，在胶州湾东北部的水体中，海泊河的入海口近岸水域形成了 Cu 的较高含量区，这表明了 Cu 的来源是河流的较高含量输送，其 Cu 含量为 1.88μg/L。

1984 年 8 月，在胶州湾东北部的水体中，李村河的入海口近岸水域形成了 Cu 的较高含量区，这表明了 Cu 的来源是河流的较高含量输送，其 Cu 含量为 4.00μg/L。

1984 年 10 月，在胶州湾湾外的东部近岸水域形成了 Cu 的高含量区（2.00 μg/L），这表明在胶州湾水域，Cu 的来源是外海海流的输送，其 Cu 含量为 2.00μg/L。

胶州湾水域 Cu 有两个主要来源，即河流的输送和外海海流的输送。来自河流输送的 Cu 含量为 1.88～4.00μg/L，来自外海海流输送的 Cu 含量为 2.00μg/L。

4. 1985 年

1985 年 4 月，在胶州湾东北部的水体中，李村河的入海口近岸水域形成了 Cu 的高含量区，这表明了 Cu 的来源是河流的输送，其 Cu 含量为 0.43μg/L。在胶州湾湾外的东部近岸水域，形成了 Cu 的高含量区（0.39μg/L），在胶州湾水体中，从外海域通过湾口，沿着从湾外到湾内的海流方向，Cu 含量在不断地递减，这表明在胶州湾水域，Cu 的来源是外海海流的输送，其 Cu 含量为 0.39μg/L。

1985 年 7 月，在胶州湾东北部的水体中，在海泊河、李村河和娄山河的入海口近岸水域形成了 Cu 的高含量区，这表明了 Cu 的来源是河流的输送，其 Cu 含量为 0.37～0.38μg/L。

1985 年 10 月，在胶州湾湾外的东部近岸水域形成了 Cu 的高含量区（0.39μg/L），在胶州湾水体中，从外海域通过湾口，沿着从湾外到湾内的海流方向，Cu 含量在不断地递减，这表明在胶州湾水域，Cu 的来源是外海海流的输送，其 Cu 含量为 0.39μg/L。

胶州湾水域 Cu 有两个来源，主要是河流的输送和外海海流的输送。来自河流输送的 Cu 含量为 0.37～0.43μg/L，来自外海海流输送的 Cu 含量为 0.39μg/L。

5. 1986 年

4 月，在胶州湾的湾口水域形成了 Cu 的高含量区，这表明了 Cu 的来源是近岸岛尖端的输送，其 Cu 含量为 0.77μg/L。

17.3.2　来源的范围

1982～1986 年，胶州湾水域 Cu 含量有 5 个来源，主要是外海海流的输送、河流的输送、近岸岛尖端的输送、地表径流的输送和船舶码头的输送。这 5 种途径给胶州湾整个水域带来了 Cu，其 Cu 含量范围为 0.37～20.60μg/L，于是，胶州湾整个水域的 Cu 含量水平分布展示，在河流的入海口、湾口、沿岸、码头和湾外都出现了 Cu 含量为中心的高含量区，形成了一系列不同梯度，从中心沿梯度降低，扩展到胶州湾整个水域。

17.3.3　来源的变化过程

1982～1986 年，胶州湾水域 Cu 含量有 5 个来源，主要是外海海流的输送、河流的输送、近岸岛尖端的输送、地表径流的输送和船舶码头的输送（表 17-1）。

表 17-1　胶州湾不同来源的 Cu 含量　　　　　　　　　（单位：μg/L）

不同来源	外海海流	地表径流	河流	船舶码头	近岸岛尖端
1982 年	2.33～5.31	3.56			
1983 年	16.07～20.60	2.28	2.20～10.57	9.48	4.86
1984 年	2.00		1.88～4.00		
1985 年	0.39		0.37～0.43		
1986 年					0.77

来自外海海流输送的 Cu 含量为 0.39～20.60μg/L。1982～1985 年，外海海流输送 Cu 含量先增加后减少。1986 年，没有发现来自外海海流输送的 Cu 含量。而且 1983～1985 年连续三年下降三个量级，到了 1986 年就没有外海海流输送的 Cu。这个输送过程展示了外海海流向胶州湾水域输送 Cu 含量的变化非常大，在外海海洋水体中，在 Cu 含量方面，连续三年由重度污染到无污染。这揭示了海洋水体的自我净化能力和修复能力是非常强大的。1982～1983 年，向胶州湾水域输送 Cu 的来源中，外海海流的输送是主要的，并且输送的 Cu 含量很高。1984～1985 年，向胶州湾水域输送 Cu 的来源中，河流的输送是主要的，并且输送的 Cu 含量比较高。

来自河流输送的 Cu 含量为 0.37～10.57μg/L。1982 年和 1986 年，没有发现来自河流输送的 Cu。1983～1985 年，河流输送 Cu 含量一直在减少，从 10.57μg/L 一直下降到 0.43μg/L。而且，1982 年开始没有河流输送的 Cu 含量，然后 1983～1985 年连续三年下降三个量级，到了 1986 年又没有河流输送的 Cu。这个输送过程展示了河流向胶州湾水域输送 Cu 的含量变化非常大，在河流的水体中，在 Cu 含量方面，连续三年由重度污染到无污染。这也揭示了河流水体的自我净化能力和修复能力是非常强大的。同时，从 1982 年开始，没有发现来自河流输送的 Cu 含量，到 1983 年，河流输送 Cu 的高含量。这也揭示了河流水体易受到污染，是非常脆弱的和无助的。

来自近岸岛尖端输送的 Cu 含量为 0.77~4.86μg/L。1982 年、1984 年和 1985 年，没有发现来自近岸岛尖端的 Cu。1983 年和 1986 年，出现了来自近岸岛尖端输送的 Cu，为 0.77~4.86μg/L，Cu 含量都符合国家一类海水的水质标准。这表明在 1982 年、1984 年和 1985 年，近岸岛尖端没有任何 Cu，也没有向胶州湾水域输送任何 Cu。1983 年，近岸岛尖端开始向胶州湾水域输送比较高的 Cu 含量，到了 1986 年，近岸岛尖端开始向胶州湾水域输送比较低的 Cu 含量。这表明近岸岛尖端一直没有受到 Cu 的任何污染。而且随着时间变化，近岸岛尖端在 Cu 含量方面更加清洁。

来自地表径流输送的 Cu 含量为 2.28~3.56μg/L。1982~1983 年，出现了来自地表径流输送的 Cu 含量，为 2.28~3.56μg/L，Cu 含量都符合国家一类海水的水质标准。1984~1986 年，都没有发现来自地表径流的 Cu 含量。这表明在 1982~1986 年，在前两年地表径流输送比较低的 Cu 含量，到后三年，地表径流没有任何 Cu。揭示了地表径流从具有 Cu 的输送转变为没有 Cu 的输送，向胶州湾水域输送的 Cu 的含量从比较低转变为没有。由此认为，在陆地表面上，Cu 的存在是非常少的。

来自船舶码头输送的 Cu 含量为 9.48μg/L。1982~1986 年，有四年，都没有发现来自船舶码头的 Cu 含量。只有在 1983 年，出现了来自船舶码头输送的 Cu 含量为 9.48μg/L，Cu 含量符合国家二类海水的水质标准。这表明 1982~1986 年的五年期间，船舶码头向胶州湾水域输送 Cu 含量的时间非常短，可是输送的 Cu 含量却非常高。由此认为，虽然海上交通繁忙，船只增加，可是 Cu 的排放却比较少，偶尔排放，其 Cu 含量比较高。

1982~1986 年，向胶州湾水域输送的 Cu 含量以及输送的方式都发生了很大变化。在前四年，有外海海流的输送，输送的 Cu 含量一直都在减少，到了第五年，就没有外海海流的输送。在第一年，没有河流的输送，到了第二年、第三年和第四年，有河流的输送，输送的 Cu 含量一直都在减少，到了第五年，就没有河流的输送。在前两年，有地表径流的输送，在后三年，没有地表径流的输送，在这五年中，近岸岛尖端输送的 Cu 含量从没有，到比较低，再到没有，然后到输送更低 Cu 含量。船舶码头几乎没有输送 Cu 含量，偶尔输送比较高的 Cu 含量。

因此，1982～1986 年，外海海流的输送、河流的输送、近岸岛尖端的输送、地表径流的输送和船舶码头的输送展示了随着时间的变化，环境领域 Cu 含量在不断地减少（表 17-1）。人类活动所产生的 Cu 含量对环境的影响越来越小，而且对环境影响的输送途径也在减少，如到了 1986 年，只有近岸岛尖端向胶州湾水域输送 Cu 含量，并且其输送的量也非常小。

17.4　结　　论

1982～1986 年，胶州湾水域 Cu 含量有 5 个来源，主要是外海海流的输送、河流的输送、近岸岛尖端的输送、地表径流的输送和船舶码头的输送。这 5 种途径给胶州湾整个水域带来了 Cu 含量，其 Cu 含量的变化范围为 0.37～20.60μg/L。随着时间的变化，胶州湾水域 Cu 的来源发生了很大变化。

来自外海海流输送的 Cu 含量为 0.39～20.60μg/L。1982～1985 年，外海海流输送的 Cu 含量一直在减少。1986 年，没有发现来自外海海流输送的 Cu。这个输送过程展示了在外海海洋水体中，在 Cu 含量方面，连续三年由重度污染到无污染，再到清洁水域。这揭示了海洋水体的自我净化能力和修复能力是非常强大的。

来自河流输送的 Cu 含量为 0.37～10.57μg/L。从 1986 年开始没有河流输送的 Cu 含量，然后 1983～1985 年，连续三年下降三个量级，到了 1986 年又没有河流输送的 Cu。这个输送过程展示了在河流的水体中，在 Cu 含量方面，连续三年由重度污染到无污染，再到清洁水域的过程。这也揭示了河流水体的自我净化能力和修复能力是非常强大的。同时，从 1982 年开始，没有发现来自河流输送 Cu，到 1983 年，河流输送 Cu 的高含量。这也揭示了河流水体易受到污染，是非常脆弱的和无助的。

来自近岸岛尖端输送的 Cu 含量为 0.77～4.86μg/L。1982 年、1984 年和 1985 年，近岸岛尖端没有向胶州湾水域输送任何 Cu。1983 年，近岸岛尖端开始向胶州湾水域输送比较高的 Cu 含量，到了 1986 年，近岸岛尖端开始向胶州湾水域输送比较低的 Cu 含量。这表明近岸岛尖端一直没有受到 Cu 的任何污染。而且随着时间变化，近岸岛尖端在 Cu 含量方面更加清洁。

来自地表径流输送的 Cu 含量为 2.28～3.56μg/L。1982～1986 年，在前两年地表径流输送比较低的 Cu 含量，到后三年，地表径流没有任何 Cu 含量。揭示了地表径流从具有 Cu 的输送转变为没有 Cu 的输送，向胶州湾水域输送的 Cu 含量从比较低转变为没有。由此认为，在陆地表面上，Cu 含量的存在是非常少的。

来自船舶码头输送的 Cu 含量为 9.48μg/L。1982～1986 年的 5 年期间，船舶码头向胶州湾水域输送 Cu 含量的时间非常短，可是输送的 Cu 含量却比较高。由此认为，虽然海上交通繁忙，船只增加，可是 Cu 含量的排放却比较少，偶尔排放，其 Cu 含量比较高。

因此，1982～1986 年，外海海流的输送、河流的输送、近岸岛尖端的输送、地表径流的输送和船舶码头的输送展示了随着时间的变化，环境领域中的 Cu 含量在不断减少。人类活动所产生的 Cu 含量对环境的影响越来越小，而且对环境影响的输送途径也在减少，如到了 1986 年，只有近岸岛尖端向胶州湾水域输送 Cu 含量，并且其输送的含量也非常小。

参 考 文 献

[1]　Yang D F, Miao Z Q, Song W P, et al. Research on the sources of Cu in Jiaozhou Bay. Advanced Materials Research, 2015, 1092-1093: 1013-1016.

[2]　Yang D F, Miao Z Q, Cui W L, et al. Input and transfer processes of Cu in bay waters. Advances in Intelligent Systems Research, 2015: 17-20.

[3]　Yang D F, Wang F Y, Zhu S X, et al. A research on the vertical transfer process of Cu in JiaozhouBay. Advances in Engineering Research, 2015, 31: 1284-1287.

[4]　Yang D F, Zhu S X, Wu Y J, et al. Aggregation, divergence and homogeneity of Cu in Marine bay bottom waters. Advances in Engineering Research, 2015, 31: 1288-1291.

[5]　Yang D F, Wang F Y, Zhu S X, et al. Environmental conditions of Jiaozhou Bay in 1980. Materials Engineering and Information Technology Apllication, 2015: 554-557.

[6]　Yang D F, Zhu S X, Zhao X L, et al. Environmental conditions of Jiaozhou Bay, 1981. Advances in Engineering Research, 2015, 40: 770-775.

[7]　Yang D F, Zhu S X, Wang F Y, et al. The impact of marine current to Cu contents in Jiaozhou Bay. Advances in Computer Science Research, 2015: 1765-1769.

[8]　Yang D F, Zhu S X, Wang F Y, et al. The good water quality on Cu in Jiaozhou Bay waters. Advances in Engineering Research, 2016, 60: 408-411.

[9]　Yang D F, Zhu S X, Wang M, et al. Different sources and high sedimentation rate regions of Cu in Jiaozhou Bay. Advances in Engineering Research, 2016, 67: 1311-1314.

[10]　Yang D F, Yang D F, Wang M, et al. Sedimentation process and high sedimentation rate position of Cu in Jiaozhou Bay. Advances in Engineering Research, 2016, Part G: 1917-1920.

[11]　Yang D F, Yang D F, He H Z, et al. Background level of Cu in Jiaozhou Bay and open sea. Advances in Engineering Research, 2016, 84: 852-856.

[12]　Yang D F, He H Z, Wang F Y, et al. High Cu sedimentation locations in Jiaozhou Bay. Advances in Materials Science, Energy Technology and Environmental Engineering, 2017: 291-294.

[13]　Yang D F, Zhu S X, Yang D F, et al. Vertical distribution of Cu in waters in the bay mouth of Jiaozhou Bay. Computer Life, 2016, 4(6): 579-584.

[14]　Yang D F, Yang D F, Tao X Z, et al. Natural background value of Cu in Jiaozhou Bay. World Scientific Research Journal, 2016, 2(2): 69-73.

[15]　Yang D F, Chen Y, Gao Z H, et al. Silicon limitation on primary production and its destiny in Jiaozhou Bay, China Ⅳ transect offshore the coast with estuaries. Chin J Oceanol Limnol, 2005, 23(1): 72-90.

[16]　杨东方, 王凡, 高振会, 等. 胶州湾浮游藻类生态现象. 海洋科学, 2004, 28(6): 71-74.

[17]　国家海洋局. 海洋监测规范. 北京: 海洋出版社, 1991.

第18章　胶州湾水域铜从来源到水域的迁移过程

18.1　背　　景

18.1.1　胶州湾自然环境

胶州湾位于山东半岛南部，其地理位置为东经 120°04′～120°23′，北纬 35°58′～36°18′，以团岛与薛家岛连线为界，与黄海相通，面积约为 446km^2，平均水深约 7m，是一个典型的半封闭型海湾（图 18-1）。胶州湾入海的河流有十几条，其中径流量和含沙量较大的为大沽河和洋河，青岛市区的海泊河、李村河和娄山河等河流，这些河流均属季节性河流，河水水文特征有明显的季节性变化[17,18]。

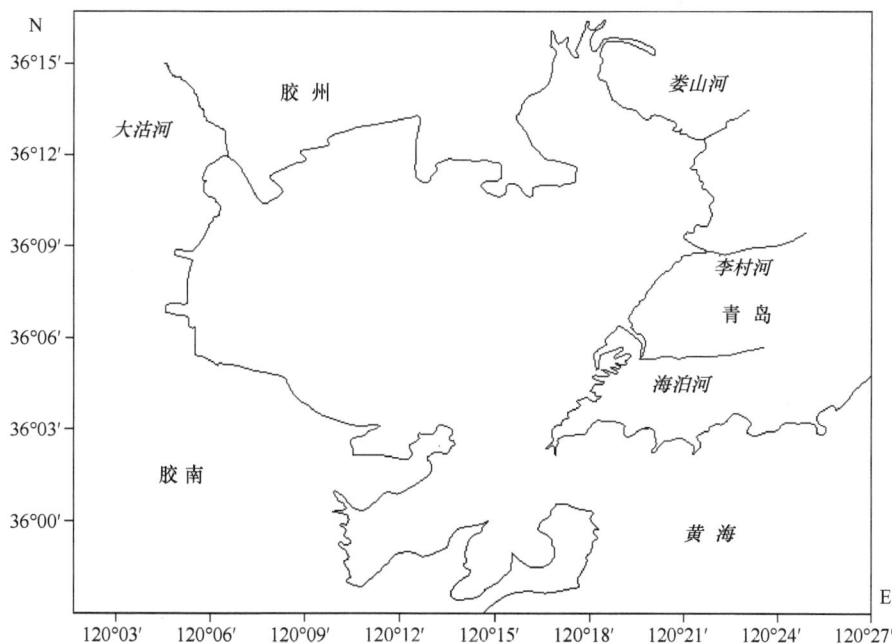

图 18-1　胶州湾地理位置

18.1.2　数据来源与方法

本研究所使用的调查数据由国家海洋局北海监测中心提供。胶州湾水体 Cu 的调查[1~16]按照国家标准方法进行,该方法被收录在国家的《海洋监测规范》(1991 年) 中[19]。

1982 年 4 月、6 月、7 月和 10 月,1983 年 5 月、9 月和 10 月,1984 年 7 月、8 月和 10 月,1985 年 4 月、7 月和 10 月,1986 年 4 月,进行胶州湾水体 Cu 的调查[3~16]。以 4 月、5 月和 6 月为春季,以 7 月、8 月和 9 月为夏季,以 10 月、11 月和 12 月为秋季。

18.2　季节分布及输入量

18.2.1　季节分布

1. 1982 年

胶州湾西南沿岸水域的表层水体中,7 月,水体中铜的表层含量范围为 0.15～2.33μg/L;10 月,水体中铜的表层含量范围为 2.22～3.56μg/L。这表明 7 月和 10 月,水体中铜的表层含量范围变化不大,为 0.15～3.56μg/L,铜的表层含量由高到低依次为 10 月、7 月,故得到水体中铜的表层含量由高到低的季节变化为:秋季、夏季。

在胶州湾西南沿岸水域的表层水体中,7 月,铜含量变化从低值 2.33μg/L 开始,然后开始逐渐增加,到 10 月达到高值 3.56μg/L。于是,铜的表层含量由低到高的季节变化为:夏季、秋季。因此,铜含量从夏季开始,上升到秋季的高值。7 月和 10 月,铜来源是地表径流的输送。这表明在胶州湾西南沿岸水域的表层水体中,铜含量的变化主要由雨量的变化来确定。因此,铜含量的季节变化中,在秋季、夏季相对比较高。但由于是地表径流的输送,故铜含量较低,水质没有受到任何污染。

2. 1983 年

在胶州湾湾口水域的表层水体中,5 月,水体中 Cu 的表层含量范围为 2.47～20.60μg/L;9 月,水体中 Cu 的表层含量范围为 1.28～4.86μg/L;10 月,水体中 Cu 的表层含量范围为 0.77～2.28μg/L。这表明 5 月、9 月和 10 月,水体中 Cu 的表层含量范围变化比较大,为 0.77～20.60μg/L,Cu 的表层含量由低到高依次为

10 月、9 月、5 月，故得到水体中 Cu 的表层含量由低到高的季节变化为：秋季、夏季、春季。

在胶州湾湾口水域的表层水体中，5 月，Cu 含量变化从最高值 20.60μg/L 开始，然后开始逐渐减少，到 9 月达到低值 4.86μg/L，然后继续下降，到了 10 月，则下降到最低值 2.28μg/L。于是，Cu 的表层含量由低到高的季节变化为：秋季、夏季、春季。

这是由于春季 Cu 来自外海海流的输送，含量比较高。到了夏季，Cu 是来自近岸岛尖端的输送，Cu 含量比较低；来自河流输送的 Cu 含量更低，故夏季的 Cu 含量比较低。到了秋季，Cu 是来自河流的输送，Cu 含量比较低，到了湾口水域，Cu 含量已经下降许多；来自地表径流的输送，Cu 含量很低，故秋季的 Cu 含量最低。

这表明在胶州湾湾口水域的表层水体中，由于 Cu 离子被吸附于大量悬浮颗粒物表面，在重力和水流的作用下，Cu 不断地沉降到海底。经过垂直水体的效应作用[6]，Cu 表层含量的变化决定了 Cu 底层含量的变化，同时，Cu 在底层的含量具有累积作用。展示了水体中底层的 Cu 含量由低到高的季节变化为：夏季、秋季、春季。由于春季 Cu 的表层含量最高，通过 Cu 含量的沉降，春季底层的 Cu 含量最高。夏季、秋季的 Cu 表层含量相近，由于 Cu 不断地沉降到海底，通过 Cu 在底层的累积作用，于是有秋季底层的 Cu 含量比夏季底层的 Cu 含量高。

3. 1984 年

在胶州湾湾口水域的表层水体中，7 月和 8 月，水体中 Cu 的表层含量范围为 0.28~4.00μg/L；10 月，水体中 Cu 的表层含量范围为 0.90~2.00μg/L。这表明 7 月、8 月和 10 月，水体中 Cu 的表层含量范围变化比较大，为 0.28~4.00μg/L，故得到水体中 Cu 的表层含量由高到低的季节变化为：夏季、秋季。

在胶州湾湾口水域的表层水体中，7 月，Cu 含量变化从较高值 4.00μg/L 开始，然后开始逐渐减少，到 10 月达到较低值 2.00μg/L。于是，Cu 的表层含量由高到低的季节变化为：夏季、秋季。

这是由于在夏季 Cu 含量来自河流的输送，故夏季的含量比较高。到了秋季，Cu 含量是来自外海海流的输送，故秋季的 Cu 含量比较低。

在胶州湾湾口水域的表层水体中，由于 Cu 离子被吸附于大量悬浮颗粒物表面，在重力和水流的作用下，Cu 不断地沉降到海底。Cu 经过了垂直水体的效应作用[6]，表层含量的变化决定了 Cu 底层含量的变化，展示了水体中底层的 Cu 含量由高到低的季节变化为：夏季、秋季。Cu 不断地沉降到海底，呈现了表层、底层的 Cu 含量的季节变化是一致的。

4. 1985 年

在胶州湾湾口水域的表层水体中，4 月，水体中 Cu 的表层含量范围为 0.11～0.43μg/L；7 月，水体中 Cu 的表层含量范围为 0.10～0.38μg/L；10 月，水体中 Cu 的表层含量范围为 0.18～0.39μg/L。4 月、7 月和 10 月，水体中 Cu 的表层含量范围变化比较小，为 0.10～0.43μg/L，Cu 的表层含量由低到高依次为 7 月、10 月、4 月，故得到水体中 Cu 的表层含量由低到高的季节变化为：夏季、秋季、春季。

4 月，在胶州湾湾口水域的表层水体中，Cu 含量变化从最高值 0.43μg/L 开始，然后开始逐渐减少，到 7 月，Cu 含量达到最低值 0.38μg/L，然后开始逐渐增加，到 10 月达到较低值 0.39μg/L。于是，Cu 的表层含量由低到高的季节变化为：夏季、秋季、春季。

在春季，胶州湾水域 Cu 含量有两个来源，主要来自河流的输送和外海海流的输送。表层 Cu 含量很高，然而，大部分的表层 Cu 含量并未达到海底，故底层的 Cu 含量很低（0.12μg/L），故春季的底层 Cu 含量很低。到了夏季，由于 Cu 离子被吸附于大量悬浮颗粒物表面，在重力和水流的作用下，Cu 不断地沉降到海底，故底层的 Cu 含量很高（0.42μg/L），故夏季的底层 Cu 含量很高。到了秋季，表层 Cu 含量已经比春季的表层低了许多，但 Cu 经过了垂直水体的效应作用和累积作用[9]，故底层的 Cu 含量比较高（0.30μg/L），故秋季的底层 Cu 含量比较高。

这表明在胶州湾湾口水域的表层水体中，由于 Cu 离子被吸附于大量悬浮颗粒物表面，在重力和水流的作用下，Cu 不断地沉降到海底。Cu 经过了垂直水体的效应作用和累积作用[6]，表层含量的变化和底层含量的累积决定了底层含量的变化，展示了水体中底层的 Cu 含量由低到高的季节变化为：春季、秋季、夏季。于是呈现了表层、底层的 Cu 含量的季节变化并不是一致的现象。

5. 1986 年

4 月，在胶州湾的整个水域，Cu 的含量变化范围为 0.18～0.77μg/L。

18.2.2　季节的输入量

1. 1982 年

6 月，Cu 含量的来源是外海海流的输送（5.31μg/L）。

7 月，Cu 含量的来源是外海海流的输送（2.33μg/L）。

10 月，Cu 含量的来源是地表径流的输送（3.56μg/L）。

2. 1983 年

5 月，Cu 含量的来源是外海海流的输送（20.60μg/L）、河流的输送（10.57μg/L）、船舶码头的输送（9.48μg/L）。

9 月，Cu 含量的来源是近岸岛尖端的输送（4.86μg/L）、河流的输送（2.20μg/L）。

10 月，Cu 含量的来源是河流的输送（3.00μg/L）、地表径流的输送（2.28μg/L）。

3. 1984 年

7 月，Cu 含量的来源是河流的输送（1.88μg/L）。

8 月，Cu 含量的来源是河流的输送（4.00μg/L）。

10 月，Cu 含量的来源是外海海流的输送（2.00μg/L）。

4. 1985 年

4 月，Cu 含量的来源是河流的输送（0.43μg/L）、外海海流的输送（0.39μg/L）。

7 月，Cu 含量的来源是河流的输送（0.37～0.38μg/L）。

10 月，Cu 含量的来源是外海海流的输送（0.39μg/L）。

5. 1986 年

4 月，Cu 含量的来源是近岸岛尖端的输送（0.77μg/L）。

18.3 从来源到水域的迁移过程

18.3.1 季 节 变 化

在春季、夏季、秋季的季节变化过程中，水体中 Cu 含量的大小都是依赖 Cu 含量来源的输入量大小。这样，1982～1986 年每一年中，胶州湾季节的输入 Cu 含量展示了向胶州湾输送 Cu 含量的来源和大小。因此，水体中 Cu 含量的季节变化都是 Cu 含量来源的输入量来决定的。

1982～1986 年，在胶州湾水体中，胶州湾水域 Cu 含量有 5 个来源，主要是外海海流的输送（0.39～20.60μg/L）、河流的输送（0.37～10.57μg/L）、近岸岛尖端的输送（0.77～4.86μg/L）、地表径流的输送（2.28～3.56μg/L）和船舶码头的输送（9.48μg/L）（图 18-2）。因此，水体中 Cu 含量的季节变化就是由 5 个 Cu 含量来源决定的。

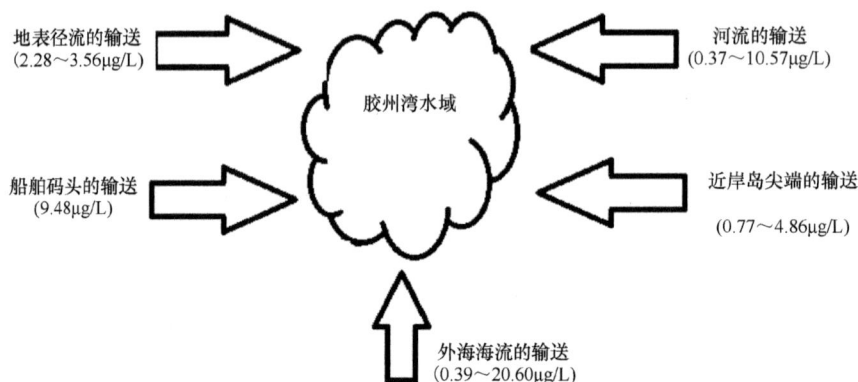

地表径流的输送
(2.28~3.56μg/L)

河流的输送
(0.37~10.57μg/L)

胶州湾水域

船舶码头的输送
(9.48μg/L)

近岸岛尖端的输送
(0.77~4.86μg/L)

外海海流的输送
(0.39~20.60μg/L)

图18-2　1982~1986年胶州湾水域Cu含量的5个来源

18.3.2　陆地迁移过程

1. 输送的来源

铜的种类主要为红铜、黄铜、白铜、青铜。红铜具有很好的导电性和导热性，塑性极好，易于热压和冷压的加工，大量用于制造电线、电缆、电刷、电火花专用电蚀铜等要求导电性良好的产品。黄铜具有美观的黄色，常用来制作弹壳。白铜的特点是机械性能和耐蚀性好，色泽美观，广泛用于制造精密机械、化工机械和船舶构件。青铜具有各种各样的应用，如锡青铜的铸造性能、减摩性能好和机械性能好，适合于制造轴承、蜗轮、齿轮等。铅青铜是现代发动机和磨床广泛使用的轴承材料。铝青铜强度高，耐磨性和耐蚀性好，用于铸造高载荷的齿轮、轴套、船用螺旋桨等。铜产品已遍及工业、农业、国防、交通运输和人们日常生活的各个领域。因此，在日常的生活中处处都离不开铜产品。

在生产和冶炼含铜产品的过程中的大量排放，使得在土壤、地表、河流等都有铜的残留，以各种不同的化学产品和污染物质形式存在。而且经过地面水和地下水都将铜的残留汇集到河流中，最后迁移到海洋水体中。

在自然界中，铜是一种存在于地壳和海洋中的金属。铜在地壳中的含量约为0.01%，在个别铜矿床中，铜的含量可以达到3%~5%。自然界中的铜，多数以化合物，即铜矿石存在，铜矿有三种形式：自然铜、硫化矿、氧化矿。经过风的侵蚀和水的冲刷，铜被带到海洋的水体中。

2. 河流和地表径流的输送

来自河流输送的Cu含量为0.37~10.57μg/L。从1982年开始没有河流输送的

Cu，然后 1983～1985 年，连续三年下降三个量级，到了 1986 年又没有河流输送的 Cu。这个输送过程展示了河流向胶州湾水域输送 Cu 含量的变化非常大，河流水体中，在 Cu 含量方面，连续三年由重度污染到无污染，再到清洁水域。这也揭示了河流水体的自我净化能力和修复能力是非常强大的。同时，从 1982 年开始，没有发现来自河流输送的 Cu 含量，到 1983 年，河流输送 Cu 的高含量。这也揭示了河流水体易受到污染，是非常脆弱和无助的。

来自地表径流输送的 Cu 含量为 2.28～3.56μg/L。1982～1983 年，出现了来自地表径流输送的 Cu 含量为 2.28～3.56μg/L，Cu 含量都符合国家一类海水的水质标准。1984～1986 年，都没有发现来自地表径流的 Cu 含量。这表明 1982～1986 年，在前两年地表径流输送比较低的 Cu 含量，到后三年，地表径流没有任何 Cu。揭示了地表径流从具有 Cu 的输送转变为没有 Cu 的输送，向胶州湾水域输送的 Cu 含量从比较低转变为没有。由此认为，在陆地表面上，Cu 的存在是非常少的。

1982～1986 年，向胶州湾水域输送 Cu 的河流没有受到人类活动的影响，转变为河流受到人类活动的影响，又转变为河流受到人类活动的影响在逐渐变小。最后又转变为河流没有受到人类活动的影响。1982～1986 年，向胶州湾水域输送 Cu 含量的地表径流受到人类活动的影响，转变为地表径流没有受到人类活动的影响。

因此，1982～1986 年，人类活动在陆地上带来的 Cu 的影响只是昙花一现，这个影响只是暂时的，而自然界输送 Cu 却是长期的。

3. 模型框图

1982～1986 年，在胶州湾水体中 Cu 含量的季节变化，受陆地迁移过程所影响。Cu 含量的陆地迁移过程有三个阶段：Cu 在自然界的存在、Cu 析出于土壤和地表、地表径流和河流把 Cu 输入海洋的近岸水域。这可用模型框图来表示（图 18-3）。人类活动将 Cu 带到土壤和地表，通过地表径流和河流把 Cu 输入到海洋的近岸水域。

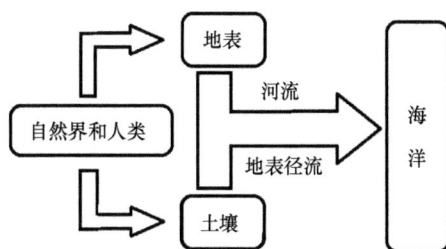

图 18-3　Cu 的陆地迁移过程模型框图

Cu 的陆地迁移过程通过模型框图来确定，就能分析知道它经过的路径和留下的轨迹。对此，这个模型框图展示了：Cu 在陆地的存在，从地表和土壤中析出。同时，人类活动将 Cu 带到土壤和地表。最后，经过地表径流和河流的输送从陆地到海洋。这样，就进一步地展示了地表径流和河流的 Cu 主要是由自然界的存在量和人类的排放量来共同决定。

18.3.3　海洋迁移过程

1. 输送的来源

随着工农业的发展，在许多领域重金属铜得到广泛应用，如机械制造业、建筑工业、国防工业等领域。在人类活动中，将含有铜及其化合物排放到海洋，给海洋环境带来了影响。在自然界中，铜是一种存在于地壳和海洋中的金属。铜在地壳中的含量约为 0.01%，在个别铜矿床中，铜的含量可以达到 3%～5%。自然界中的铜，多数以化合物，即铜矿石存在，铜矿有三种形式：自然铜、硫化矿、氧化矿。经过海洋水流的作用把重金属及其化合物注入海洋。

2. 外海海流输送

来自外海海流输送的 Cu 含量为 0.39～20.60μg/L。1982～1985 年，外海海流输送的 Cu 含量一直在减少，1983～1985 年，连续三年下降三个量级，到了 1986 年就没有外海海流输送的 Cu 含量。这个输送过程展示了外海海流向胶州湾水域输送 Cu 含量的变化非常大，在外海海洋水体中，在 Cu 含量方面，连续三年由重度污染到无污染，再到清洁水域。这揭示了海洋水体的自我净化能力和修复能力是非常强大的。

3. 近岸岛尖端输送

来自近岸岛尖端输送的 Cu 含量为 0.77～4.86μg/L。1982 年、1984 年和 1985 年，没有发现来自近岸岛尖端的 Cu 含量。1983 年和 1986 年，出现了来自近岸岛尖端输送的 Cu 含量为 0.77～4.86μg/L，Cu 含量都符合国家一类海水的水质标准。这表明 1982 年、1984 年和 1985 年，近岸岛尖端没有任何 Cu，也没有向胶州湾水域输送任何 Cu。1983 年，近岸岛尖端开始向胶州湾水域输送比较高的 Cu 含量，到了 1986 年，近岸岛尖端开始向胶州湾水域输送比较低的 Cu 含量。这表明近岸岛尖端一直没有受到 Cu 的任何污染。而且随着时间变化，近岸岛尖端在 Cu 含量方面更加清洁。

4. 船舶码头输送

来自船舶码头输送的 Cu 含量为 9.48μg/L。1982～1986 年，有 4 年，都没有发现来自船舶码头的 Cu。只有 1983 年，出现了来自船舶码头输送的 Cu，为 9.48μg/L，Cu 含量符合国家二类海水的水质标准。这表明 1982～1986 年的 5 年期间，船舶码头向胶州湾水域输送 Cu 的时间非常短，可是输送的 Cu 含量却比较高。由此认为，虽然海上交通繁忙，船只增加，可是 Cu 的排放却比较少，偶尔排放，其 Cu 含量较高。

5. 模型框图

1982～1986 年，在胶州湾水体中 Cu 含量的季节变化，受海洋迁移过程所影响。Cu 的海洋迁移过程出现三个途径：①在海洋水域中 Cu 的高含量通过外海海流输送到 Cu 的低含量海洋水域；②近岸岛尖端把 Cu 输入到海洋的近岸水域；③在船舶码头附近的海洋水域，船舰在海上行驶和停靠码头，就会给水域带来 Cu。这可用模型框图来表示（图 18-4）。Cu 的海洋迁移过程通过模型框图来确定，就能分析知道 Cu 经过的路径和留下的轨迹。对此，模型框图展示了：海洋水域的高含量 Cu 通过外海海流输送到 Cu 的低含量的海洋水域；Cu 含量在近岸岛尖端存在，直接排放到海洋；船舰在海上往来行驶和停靠码头，就会给海洋水域带来 Cu 含量。这样，就进一步地展示了海洋的 Cu 含量是由自然界的存在量和人类活动来决定的。

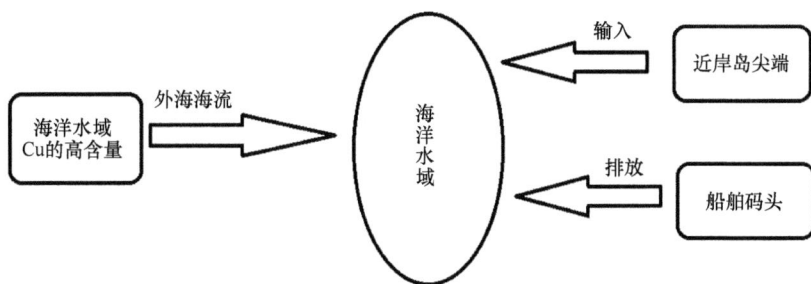

图 18-4　Cu 的海洋迁移过程模型框图

18.4　结　　论

在春季、夏季、秋季的季节变化过程中，水体中 Cu 含量的大小都是依赖 Cu 含量来源的输入量大小。这样，1982～1986 年，在每一年中，胶州湾季节的输入

Cu 含量展示了向胶州湾输送 Cu 含量的来源和大小。因此，水体中 Cu 含量的季节变化都是 Cu 含量来源的输入量来决定的。

1982～1986 年，在胶州湾水体中，胶州湾水域 Cu 含量有 5 个来源，主要是外海海流的输送（0.39～20.60μg/L）、河流的输送（0.37～10.57μg/L）、近岸岛尖端的输送（0.77～4.86μg/L）、地表径流的输送（2.28～3.56μg/L）和船舶码头的输送（9.48μg/L）。水体中 Cu 含量的季节变化就是由 5 个 Cu 来源决定的。

1982～1986 年，在胶州湾水体中 Cu 含量的季节变化，是由陆地迁移过程和海洋迁移过程所决定的。

Cu 的陆地迁移过程出现三个阶段：Cu 在自然界的存在、Cu 析出于土壤和地表、地表径流和河流把 Cu 输入到海洋的近岸水域。

Cu 的海洋迁移过程出现三个途径：①在海洋水域中 Cu 的高含量通过外海海流输送到 Cu 的低含量的海洋水域；②近岸岛尖端把 Cu 含量输入到海洋的近岸水域；③在船舶码头附近的海洋水域，船舰在海上行驶和停靠码头，就会给水域带来 Cu 含量。

作者提出模型框图，展示了 Cu 含量的陆地迁移过程和海洋迁移过程，确定 Cu 经过的路径和留下的轨迹。揭示陆地的 Cu 含量和海洋的 Cu 含量是由自然界的存在量和人类活动的排放量来决定的。因此，在胶州湾水体中，Cu 含量的变化表明了陆地的 Cu 含量和海洋的 Cu 含量都受到人类活动的影响。

参 考 文 献

[1] 杨东方, 苗振清. 海湾生态学(上册). 北京: 海洋出版社, 2010: 1-320.

[2] 杨东方, 高振会. 海湾生态学(下册). 北京: 海洋出版社, 2010: 1-330.

[3] Yang D F, Miao Z Q, Song W P, et al. Research on the sources of Cu in Jiaozhou Bay. Advanced Materials Research, 2015, 1092-1093: 1013-1016.

[4] Yang D F, Miao Z Q, Cui W L, et al. Input and transfer processes of Cu in bay waters. Advances in Intelligent Systems Research, 2015: 17-20.

[5] Yang D F, Wang F Y, Zhu S X, et al. A research on the vertical transfer process of Cu in Jiaozhou Bay. Advances in Engineering Research, 2015, 31: 1284-1287.

[6] Yang D F, Zhu S X, Wu Y J, et al. Aggregation, divergence and homogeneity of Cu in Marine bay bottom waters. Advances in Engineering Research, 2015, 31: 1288-1291.

[7] Yang D F, Wang F Y, Zhu S X, et al. Environmental conditions of Jiaozhou Bay in 1980. Materials Engineering and Information Technology Apllication, 2015: 554-557.

[8] Yang D F, Zhu S X, Zhao X L, et al. Environmental conditions of Jiaozhou Bay, 1981. Advances in Engineering Research, 2015, 40: 770-775.

[9] Yang D F, Zhu S X, Wang F Y, et al. The impact of marine current to Cu contents in Jiaozhou Bay. Advances in Computer Science Research, 2015: 1765-1769.

[10] Yang D F, Zhu S X, Wang F Y, et al. The good water quality on Cu in Jiaozhou Bay waters. Advances in Engineering Research, 2016, 60: 408-411.

[11] Yang D F, Zhu S X, Wang M, et al. Different sources and high sedimentation rate regions of Cu in Jiaozhou Bay.

Advances in Engineering Research, 2016, 67: 1311-1314.

[12] Yang D F, Yang D F, Wang M, et al. Sedimentation process and high sedimentation rate position of Cu in Jiaozhou Bay. Advances in Engineering Research, 2016, Part G: 1917-1920.

[13] Yang D F, Yang D F, He H Z, et al. Background level of Cu in Jiaozhou Bay and open sea. Advances in Engineering Research, 2016, 84: 852-856.

[14] Yang D F, He H Z, Wang F Y, et al. High Cu sedimentation locations in Jiaozhou Bay. Advances in Materials Science, Energy Technology and Environmental Engineering, 2017: 291-294.

[15] Yang D F, Zhu S X, Yang D F, et al. Vertical distribution of Cu in waters in the bay mouth of Jiaozhou Bay. Computer Life, 2016, 4(6): 579-584.

[16] Yang D F, Yang D F, Tao X Z, et al. Natural background value of Cu in Jiaozhou Bay. World Scientific Research Journal, 2016, 2(2): 69-73.

[17] Yang D F, Chen Y, Gao Z H, et al. Silicon limitation on primary production and its destiny in Jiaozhou Bay, China Ⅳ transect offshore the coast with estuaries. Chin J Oceanol Limnol, 2005, 23(1): 72-90.

[18] 杨东方, 王凡, 高振会, 等. 胶州湾浮游藻类生态现象. 海洋科学, 2004, 28(6): 71-74.

[19] 国家海洋局. 海洋监测规范. 北京: 海洋出版社, 1991.

第19章 胶州湾水域铜的水域沉降过程

19.1 背　景

19.1.1 胶州湾自然环境

胶州湾位于山东半岛南部，其地理位置为东经 120°04′～120°23′，北纬 35°58′～36°18′，以团岛与薛家岛连线为界，与黄海相通，面积约为 446km²，平均水深约 7m，是一个典型的半封闭型海湾（图 19-1）。胶州湾入海的河流有十几条，其中径流量和含沙量较大的为大沽河和洋河，青岛市区的海泊河、李村河和娄山河等河流，这些河流均属季节性河流，河水水文特征有明显的季节性变化[17,18]。

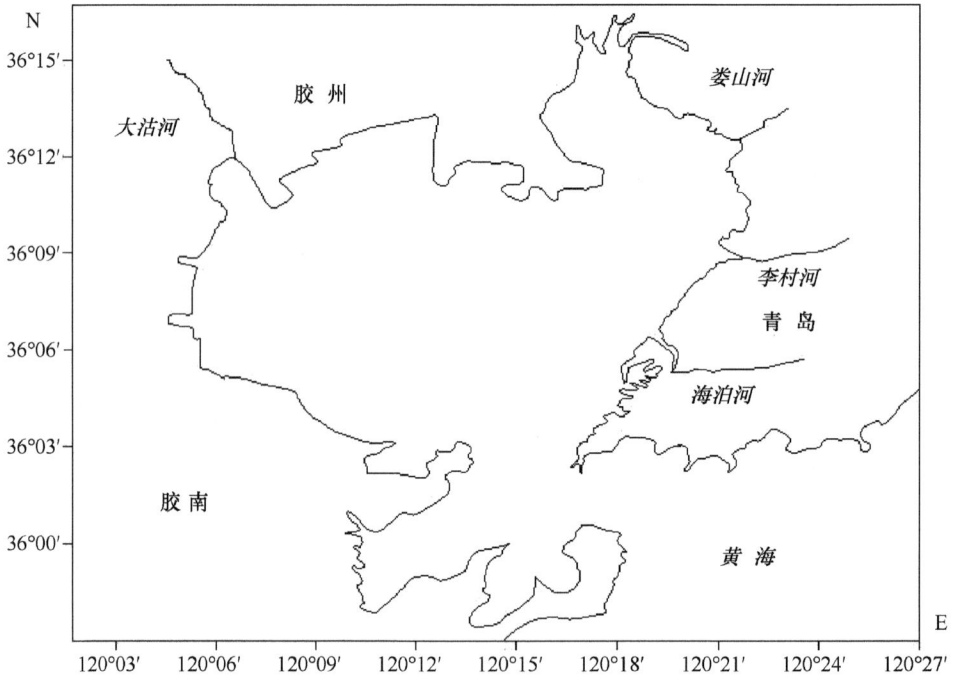

图 19-1　胶州湾地理位置

19.1.2　数据来源与方法

本研究所使用的调查数据由国家海洋局北海监测中心提供。胶州湾水体 Cu 的调查[1~16]按照国家标准方法进行,该方法被收录在国家的《海洋监测规范》(1991年)中[19]。

1982 年 4 月、6 月、7 月和 10 月,1983 年 5 月、9 月和 10 月,1984年 7 月、8 月和 10 月,1985 年 4 月、7 月和 10 月,进行胶州湾水体 Cu 的调查[3~16]。以 4 月、5 月和 6 月为春季,以 7 月、8 月和 9 月为夏季,以 10月、11 月和 12 月为秋季。

19.2　底　层　分　布

19.2.1　底层含量大小

1982 年、1983 年、1984 年、1985 年,对胶州湾水体底层中的 Cu 含量进行调查,其底层含量的变化范围如表 19-1 所示。

表 19-1　4～10 月 Cu 在胶州湾水体底层中的含量　　　(单位: μg/L)

年份	4 月	5 月	6 月	7 月	8 月	9 月	10 月
1982 年				0.23~1.46			1.56~3.22
1983 年		0.86~3.95				1.31~1.90	0.24~2.00
1984 年				0.13~2.97			0.40~0.61
1985 年	0.10~0.12			0.19~0.42			0.19~0.30

1. 1982 年

在胶州湾西南沿岸底层水域,7 月,胶州湾水域 Cu 含量范围为 0.23~1.46μg/L,符合国家一类海水的水质标准(5.00μg/L);10 月,胶州湾水域 Cu 含量范围为 1.56~3.22μg/L,符合国家一类海水的水质标准。因此,7 月和 10 月,在胶州湾西南沿岸底层水域,Cu 在水体中的含量范围为 0.23~3.22μg/L,符合国家一类海水的水质标准。这表明在 Cu 含量方面,7 月和 10 月,在胶州湾的湾口底层水域,Cu 含量比较低,水质清洁,完全没有受到 Cu 的任何污染(表 19-1)。

2. 1983 年

在胶州湾的湾口底层水域,5 月,胶州湾水域 Cu 含量范围为 0.86~3.95μg/L,符合国家一类海水的水质标准(5.00μg/L);9 月,胶州湾水域 Cu 含量范围为 1.31~

1.90μg/L，符合国家一类海水的水质标准；10 月，胶州湾水域 Cu 含量范围为 0.24～2.00μg/L，符合国家一类海水的水质标准。因此，5 月、9 月和 10 月，在胶州湾的湾口底层水域，Cu 在胶州湾水体中的含量范围为 0.24～3.95μg/L，符合国家一类海水的水质标准。这表明在 Cu 含量方面，5 月、9 月和 10 月，在胶州湾的湾口底层水域，Cu 含量比较低，水质清洁，完全没有受到 Cu 的任何污染（表 19-1）。

3. 1984 年

7 月和 10 月，在胶州湾的湾口底层水域，Cu 含量的变化范围为 0.13～2.97μg/L，符合国家一类海水的水质标准（5.00μg/L）。7 月，胶州湾水域 Cu 含量范围为 0.13～2.97μg/L，符合国家一类海水的水质标准；10 月，胶州湾水域 Cu 含量范围为 0.40～0.61μg/L，符合国家一类海水的水质标准。因此，7 月和 10 月，Cu 在胶州湾水体中的含量范围为 0.13～2.97μg/L，符合国家一类海水的水质标准。这表明在 Cu 含量方面，7 月和 10 月，在胶州湾的湾口底层水域，Cu 含量比较低，水质清洁，完全没有受到 Cu 的任何污染（表 19-1）。

4. 1985 年

4 月、7 月和 10 月，在胶州湾的湾口底层水域，Cu 含量的变化范围为 0.10～0.42μg/L，符合国家一类海水的水质标准（5.00μg/L）。4 月，胶州湾水域 Cu 含量范围为 0.10～0.12μg/L，符合国家一类海水的水质标准；7 月，胶州湾水域 Cu 含量范围为 0.19～0.42μg/L，符合国家一类海水的水质标准；10 月，胶州湾水域 Cu 含量范围为 0.19～0.30μg/L，符合国家一类海水的水质标准。因此，4 月、7 月和 10 月，Cu 在胶州湾水体中的含量范围为 0.10～0.42μg/L，符合国家一类海水的水质标准。这表明在 Cu 含量方面，4 月、7 月和 10 月，在胶州湾的湾口底层水域，Cu 含量比较低，水质清洁，完全没有受到 Cu 的任何污染（表 19-1）。

19.2.2 底 层 分 布

1. 1982 年

7 月和 10 月，胶州湾西南沿岸底层水域 Cu 含量范围为 0.23～3.22 μg/L。在胶州湾的西南沿岸底层水域，从西南的近岸水域到东北的湾中心水域，Cu 含量形成了一系列梯度，沿梯度在减少。

7 月，在西南沿岸水域 122 站位，Cu 含量相对较高（1.46μg/L），以 122 站位为中心形成了 Cu 的高含量区，形成了一系列不同梯度的平行线。Cu 含量从中心的高含量 1.46μg/L 向湾中心水域沿梯度递减到 0.29μg/L（图 19-2）。

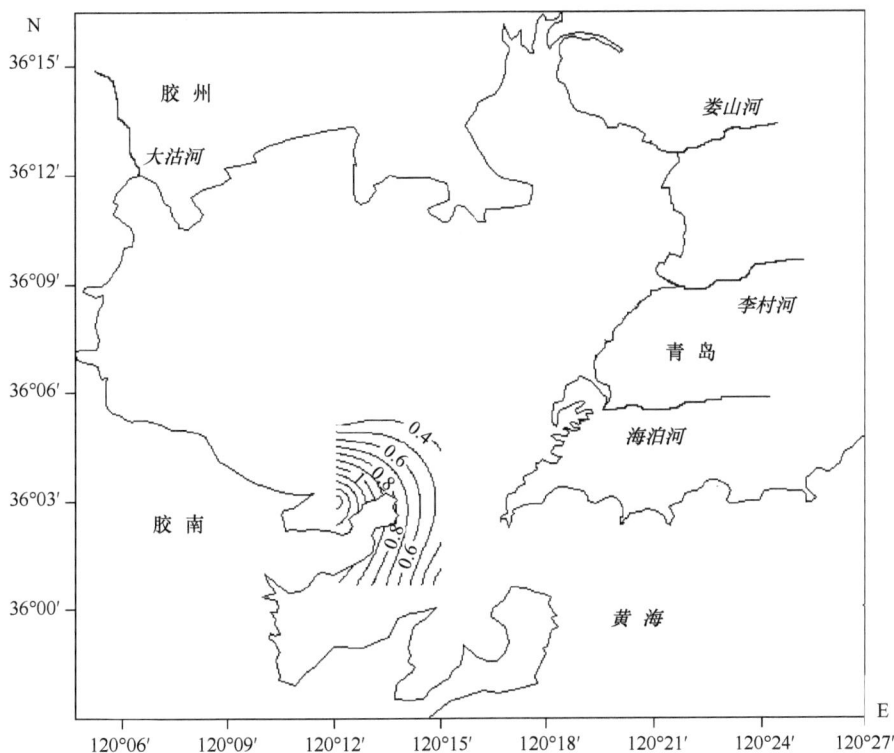

图 19-2　1982 年 7 月底层 Cu 含量分布（μg/L）

10 月，在西南湾口水域 123 站位，Cu 含量相对较高（3.22μg/L），以 123 站位为中心形成了 Cu 的高含量区，形成了一系列不同梯度的平行线。Cu 含量从中心的高含量（3.22μg/L）向西南沿岸水域或者向湾中心水域沿梯度递减到 1.56μg/L。

2. 1983 年

5 月、9 月和 10 月，在胶州湾的湾口水域，从湾口内侧到湾口，再到湾口外侧，在胶州湾的湾口水域的这些站位：H34、H35、H36、H37、H82，Cu 含量有底层的调查。那么 Cu 含量在底层的水平分布如下。

5 月，在胶州湾的湾口水域，从湾口内侧到湾口，再到湾口外侧，在胶州湾湾内的东部近岸水域 H37 站位，Cu 的含量达到较高（3.88μg/L），以东部近岸水域为中心形成了 Cu 的高含量区，形成了一系列不同梯度的平行线。Cu 含量从湾内的高含量（3.88μg/L）区向南部到湾外水域沿梯度递减为 0.86μg/L。

9 月，在胶州湾的湾口水域，从湾口内侧到湾口，再到湾口外侧，在胶州湾湾内的东部近岸水域 H37 站位，Cu 的含量达到较高（1.90μg/L），以东部近岸水域为中心形成了 Cu 的高含量区，形成了一系列不同梯度的平行线。Cu 含量从湾内的高含量（1.90μg/L）区向南部到湾外水域沿梯度递减为 1.31μg/L（图 19-3）。

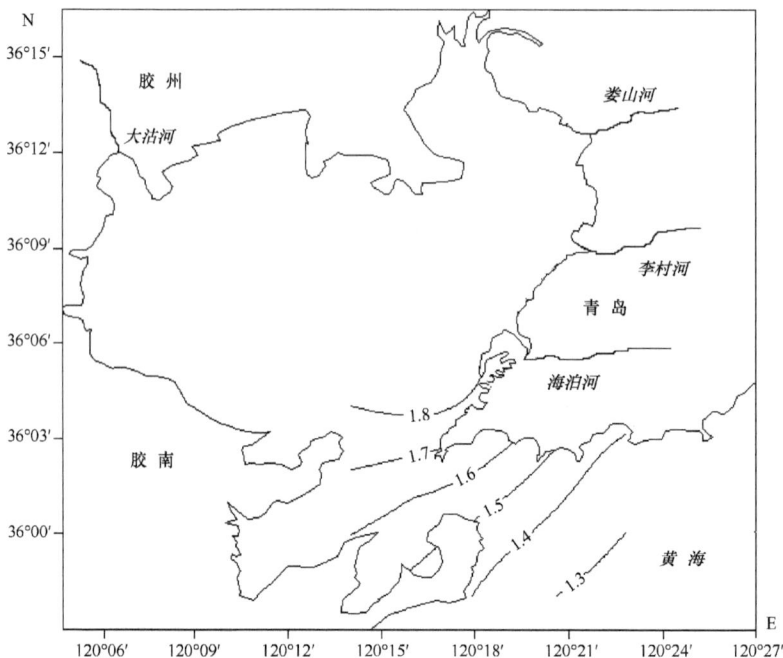

图 19-3　1983 年 9 月底层 Cu 含量的分布（μg/L）

10 月，在胶州湾的湾口水域，从湾口内侧到湾口，再到湾口外侧，在胶州湾湾内的西南部近岸水域 H36 站位，Cu 的含量达到较高（2.00μg/L），以东部近岸水域为中心形成了 Cu 的高含量区，形成了一系列不同梯度的平行线。Cu 含量从湾内的高含量（2.00μg/L）区向南部到湾外水域沿梯度递减为 0.24μg/L。

3. 1984 年

7 月和 10 月，在胶州湾的湾口底层水域，从湾口外侧到湾口，再到湾口内侧，在胶州湾的湾口水域的这些站位：2031、2032、2033，Cu 含量有底层的调查。那么 Cu 在底层的含量水平分布如下。

7 月，在胶州湾的湾口底层水域，从湾口到湾口外侧，在胶州湾湾口水域 2032 站位，Cu 的含量达到较高（2.97μg/L），以湾口水域为中心形成了 Cu 的高含量区，形成了一系列不同梯度的平行线。Cu 含量从湾口水域的高含量（2.97μg/L）区向东部到湾外沿梯度递减为 0.13μg/L（图 19-4）。

10 月，在胶州湾的湾口底层水域，从湾口外侧到湾口，在胶州湾湾外的东部近岸水域 2031 站位，Cu 的含量达到较高（0.61μg/L），以东部近岸水域为中心形成了 Cu 的高含量区，形成了一系列不同梯度的平行线。Cu 含量从湾外的高含量（0.61μg/L）区向西部到湾口水域沿梯度递减为 0.40μg/L。

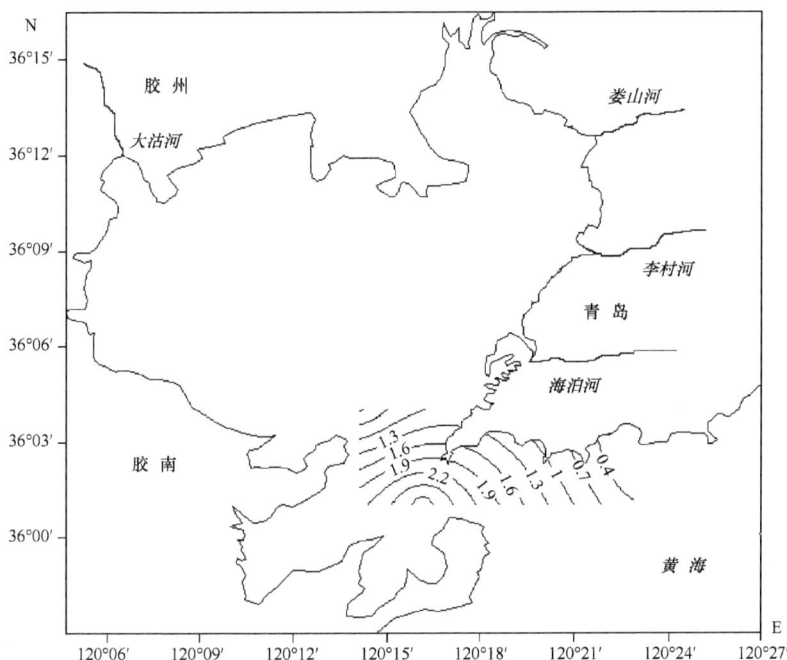

图 19-4　1984 年 7 月底层 Cu 含量的分布（μg/L）

4.1985 年

4 月、7 月和 10 月，在胶州湾的湾口底层水域，从湾口外侧到湾口，再到湾口内侧，在胶州湾湾口水域的这些站位：2031、2032、2033，Cu 含量有底层的调查。那么 Cu 含量在底层的水平分布如下。

4 月，在胶州湾的湾口底层水域，从湾口外侧到湾口，在胶州湾湾外的东部近岸水域 2031 站位，Cu 的含量达到较高（0.12μg/L），以东部近岸水域为中心形成了 Cu 的高含量区，形成了一系列不同梯度的平行线。Cu 含量从湾外的高含量（0.12μg/L）区向西部到湾口水域沿梯度递减为 0.10μg/L。

7 月，在胶州湾的湾口底层水域，从湾口到湾口外侧，在胶州湾湾口水域 2032 站位，Cu 的含量达到很高（0.42μg/L），以湾口水域为中心形成了 Cu 的高含量区，形成了一系列不同梯度的平行线。Cu 含量从湾口水域的高含量（0.42μg/L）区向东部到湾外沿梯度递减为 0.19μg/L。

10月，在胶州湾的湾口底层水域，从湾口外侧到湾口，在胶州湾湾外的东部近岸水域 2031 站位，Cu 的含量达到较高（0.30μg/L），以东部近岸水域为中心形成了 Cu 的高含量区，形成了一系列不同梯度的平行线。Cu 含量从湾外的高含量（0.30μg/L）区向西部到湾口水域沿梯度递减为 0.19μg/L（图 19-5）。

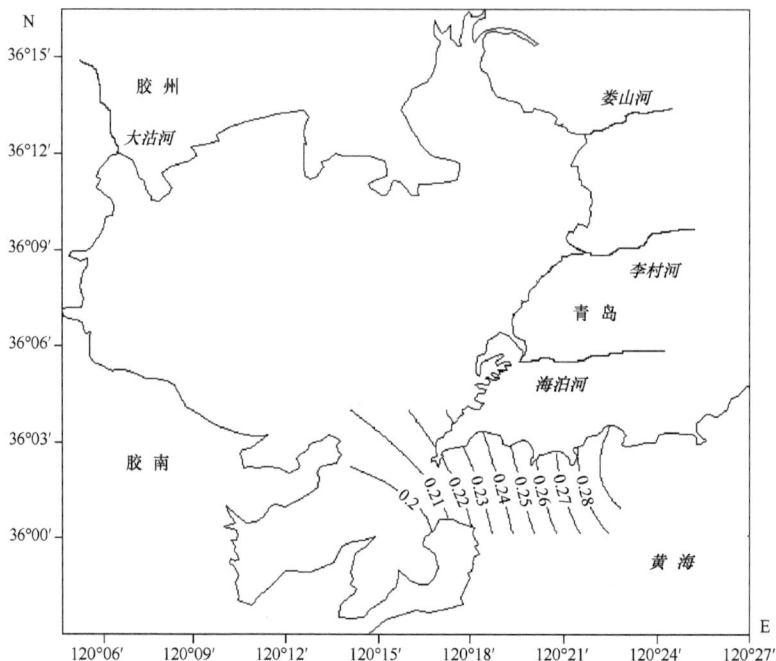

图 19-5 1985 年 10 月底层 Cu 含量的分布（μg/L）

19.3 沉 降 过 程

19.3.1 月 份 变 化

4～10月（缺少6月和8月），在胶州湾水体中的底层 Cu 含量变化范围为 0.10～3.95μg/L，符合国家一类海水的水质标准。这表明在 Cu 含量方面，4～10 月（缺少 6 月和 8 月），在胶州湾的底层水域，水质清洁，完全没有受到任何污染。

在胶州湾的底层水域，4～10 月（缺少 6 月和 8 月），每个月 Cu 含量高值变化范围为 0.12～3.95μg/L，每个月 Cu 含量低值变化范围为 0.10～1.56μg/L。那么，每个月 Cu 含量高值变化的差是 3.95–0.12=3.83μg/L，而每个月 Cu 含量低值变化的差是 1.56–0.10=1.46μg/L。作者发现每个月 Cu 含量高值变化范围比较大，而每个月 Cu 含量低值变化范围比较小，这说明 Cu 含量经过了垂直水体的效应作用[20~22]，呈现了在胶州湾的底层水域 Cu 含量的低值变化范围比较稳定，变化比较小。

在胶州湾的底层水域，4～10 月（缺少 6 月和 8 月），每个月 Cu 含量高值都小于 4.00μg/L，都符合国家一类海水的水质标准（5.00μg/L）。这揭示了 4～10 月（缺少 6 月和 8 月），一共有 5 个月，水质都没有受到 Cu 含量的污染。

1982～1985 年，在胶州湾的底层水域，10 月，随着时间变化，Cu 含量在大幅度减少；7 月，随着时间变化，Cu 含量在减少。

19.3.2 季 节 变 化

以每年 4 月、5 月、6 月代表春季，7 月、8 月、9 月代表夏季，10 月、11 月、12 月代表秋季。1982～1985 年，Cu 含量在胶州湾水体中的含量在春季较低，为 0.10～3.95μg/L，在夏季较高，为 0.13～2.97μg/L，在秋季较高，为 0.19～3.22μg/L。因此，在胶州湾的底层水域，水体中 Cu 的底层含量由低到高的季节变化为：夏季、秋季、春季。这展示了在胶州湾的底层水域，Cu 含量随着一年的季节变化在春季最高。

19.3.3 水域沉降过程

铜（Cu）是呈紫红色光泽的金属，具有很好的延展性，导热和导电性能较好。铜的种类主要为红铜、黄铜、白铜、青铜。在自然界中，铜是一种存在于地壳和海洋中的金属。金属 Cu 主要从铜矿石中提取，广泛地应用于机械制造业、建筑工业、国防工业等领域。Cu 含量经过陆地迁移过程和海洋迁移过程，进入海洋水域。绝大部分经过重力沉降、生物沉降、化学作用等迅速由水相转入固相，最终转入沉积物中。从春季 5 月开始，海洋生物大量繁殖，数量迅速增加，到夏季的 8 月，形成了高峰值[18]，且由于浮游生物的繁殖活动，悬浮颗粒物表面形成胶体，此时的吸附力最强，吸附了大量的 Cu 含量，大量的 Cu 随着悬浮颗粒物迅速沉降到海底。这样，在春季、夏季和秋季，Cu 输入到海洋，颗粒物质和生物体将 Cu 含量从表层带到底层。

1982 年 7 月，Cu 含量在西南沿岸底层水域到湾中心底层水域沿梯度递减。同年 10 月，胶州湾的西南湾口底层水域为 Cu 的高含量区，Cu 含量从胶州湾的西南湾口底层到湾中心底层水域沿梯度递减。这样，1982 年，在这一年中，Cu 含量就有两个高含量区：西南沿岸底层水域和西南湾口底层水域。

1983 年，在胶州湾的湾口底层水域，5 月，Cu 含量以湾口内侧的东部近岸水域为中心的 Cu 高含量区，Cu 含量从湾口内侧的东部近岸水域沿梯度递减到湾口外侧的南部水域。这样，1983 年 5 月，Cu 含量就有一个高含量区：湾口内侧的东部近岸底层水域。

1983 年，在胶州湾的湾口底层水域，9 月，Cu 含量以湾口内侧的东部近岸水域为中心的 Cu 高含量区，Cu 含量从湾口内侧的东部近岸水域沿梯度递减到湾口外侧的南部水域。这样，在 1983 年 9 月，Cu 就有一个高含量区：湾口内侧的东部近岸底层水域。

1983 年，在胶州湾的湾口底层水域，10 月，Cu 含量以湾口内侧的西南部近岸水域为中心的 Cu 高含量区，Cu 含量从湾口内侧的西南部近岸水域沿梯度递减到湾口外侧的南部水域。这样，在 1983 年 10 月，Cu 就有一个高含量区：湾口内侧的西南部近岸底层水域。

因此，1983 年，在胶州湾的湾口底层水域，5 月，Cu 就有一个高含量区：湾口内侧的东部近岸底层水域。9 月，Cu 含量就有一个高含量区：湾口内侧的东部近岸底层水域。10 月，Cu 含量就有一个高含量区：湾口内侧的西南部近岸底层水域。于是，1983 年，在胶州湾的湾口底层水域，5 月、9 月和 10 月，每个月只有一个 Cu 高含量区，而且，有一个共同的 Cu 高含量区为湾口内侧的底层水域。

1984 年，在胶州湾的湾口底层水域，7 月，Cu 含量以湾口水域为中心的 Cu 高含量区，从湾口到湾口外侧，Cu 含量从湾口水域到湾外沿梯度递减。这样，在 1984 年 7 月，Cu 含量就有一个高含量区：湾口底层水域。

1984 年，在胶州湾的湾口底层水域，10 月，Cu 含量以湾口外侧水域为中心的 Cu 高含量区，从湾口外侧到湾口，Cu 含量从湾外水域到湾口沿梯度递减。这样，在 1984 年 10 月，Cu 含量就有一个高含量区：湾口外侧底层水域。

因此，在 1984 年，在胶州湾的湾口底层水域，7 月，Cu 含量就有一个高含量区：湾口底层水域。10 月，Cu 含量就有一个高含量区：湾口外侧底层水域。于是，在 1984 年，在胶州湾的湾口底层水域，7 月和 10 月，每个月都只有一个 Cu 高含量区。

1985 年，在胶州湾的湾口底层水域，4 月，Cu 含量以湾口外侧水域为中心的 Cu 高含量区，从湾口外侧到湾口，Cu 含量从湾外水域到湾口沿梯度递减。这样，在 1985 年 4 月，Cu 含量就有一个高含量区：湾口外侧底层水域。

1985 年，在胶州湾的湾口底层水域，7 月，Cu 含量以湾口水域为中心的 Cu 高含量区，从湾口到湾口外侧，Cu 含量从湾口水域到湾外沿梯度递减。这样，在 1985 年 7 月，Cu 含量就有一个高含量区：湾口底层水域。

1985 年，在胶州湾的湾口底层水域，10 月，Cu 含量以湾口外侧水域为中心的 Cu 高含量区，从湾口外侧到湾口，Cu 含量从湾外水域到湾口沿梯度递减。这样，在 1985 年 10 月，Cu 含量就有一个高含量区：湾口外侧底层水域。

因此，在 1985 年，在胶州湾的湾口底层水域，4 月，Cu 含量就有一个高含量区：湾口外侧底层水域。7 月，Cu 含量就有一个高含量区：湾口底层水域。10月，Cu 含量就有一个高含量区：湾口外侧底层水域。于是，在 1985 年，在胶州湾的湾口底层水域，4 月、7 月和 10 月，每个月都只有一个 Cu 高含量区。

19.3.4　水域沉降起因

在 1982 年一年中，Cu 含量就有两个高含量区：胶州湾的西南沿岸底层水域和西南湾口底层水域。这表明在外海海流的输送（2.33μg/L）、地表径流的输送（3.56μg/L）下，经过了水平水体的效应作用、垂直水体的效应作用及水体的效应作用[16~18]，展示了在胶州湾底层水域的 Cu 高含量区是胶州湾的西南沿岸底层水域和西南湾口底层水域。对于 Cu 的其他输送来源，在胶州湾底层水域没有任何显示迹象。因此，外海海流的输送、地表径流的输送是两个不断的和强有力的输送。

在 1983 年一年中，Cu 只有一个高含量区：湾口内侧的东部近岸底层水域。这是由于在 1983 年 5 月，Cu 的来源是河流的输送（10.57μg/L）、船舶码头的输送（9.48μg/L）。在 1983 年 9 月，Cu 的来源是近岸岛尖端的输送（4.86μg/L）、河流的输送（2.20μg/L）。在 1983 年 10 月，Cu 含量的来源是河流的输送（3.00μg/L）、地表径流的输送（2.28μg/L）。这表明在河流的输送（2.20~10.57μg/L）、船舶码头的输送（9.48μg/L）、近岸岛尖端的输送（4.86μg/L）和地表径流的输送（2.28μg/L）下，经过了水平水体的效应作用、垂直水体的效应作用及水体的效应作用[20~22]，展示了在胶州湾底层水域的 Cu 高含量区是湾口内侧的东部近岸底层水域。对于Cu 的其他输送来源，Cu 在胶州湾底层水域没有任何显示迹象。因此，河流的输送、船舶码头的输送、近岸岛尖端的输送和地表径流的输送是 4 个不断的和强有力的输送。

在 1984 年一年中，在不同时间，Cu 含量有两个高含量区：湾口底层水域和湾口外侧底层水域。这分别表明，在河流的较高含量输送（1.88~4.00μg/L）和外海海流的输送（2.00μg/L）下，经过了水平水体的效应作用、垂直水体的效应作用及水体的效应作用[20~22]，分别展示了在胶州湾底层水域的 Cu 高含量区是湾口底层水域和湾口外侧底层水域。对于 Cu 的其他输送来源，Cu 在胶州湾底层水域没有任何显示迹象。因此，外海海流的输送和河流的输送是两个不断的和强有力的输送。

在 1985 年一年中，在不同时间，Cu 含量有三个高含量区：湾口外侧底层水域、湾口底层水域和湾口外侧底层水域。这分别表明外海海流的输送（0.39μg/L）、河流的较高含量输送（0.37～0.43μg/L）和外海海流的输送（0.39μg/L）下，经过了水平水体的效应作用、垂直水体的效应作用及水体的效应作用[20~22]，分别展示了在胶州湾底层水域的 Cu 高含量区是湾口外侧底层水域、湾口底层水域和湾口外侧底层水域。对于 Cu 的其他输送来源，Cu 在胶州湾底层水域没有任何显示迹象。因此，外海海流的输送和河流的输送是两个不断的和强有力的输送。

1982～1985 年，向胶州湾输送 Cu 含量的各种来源展示了 Cu 在迅速地沉降，并且在底层具有累积的过程。在第一年有两个来源：外海海流的输送、地表径流的输送，将 Cu 经过水体沉降到海底，决定了 Cu 含量的两个高沉降区域：胶州湾的西南沿岸底层水域和西南湾口底层水域。在第二年有 4 个来源：河流的输送、船舶码头的输送、近岸岛尖端的输送和地表径流的输送，将 Cu 经过水体沉降到海底，决定了 Cu 含量的单一高沉降区域：湾口内侧的东部近岸底层水域。在第三年有两个来源：外海海流的输送、河流的输送，将 Cu 含量经过水体沉降到海底，决定了 Cu 含量的两个高沉降区域：湾口底层水域和湾口外侧底层水域。在第四年有两个来源：外海海流的输送、河流的输送，将 Cu 经过水体沉降到海底，决定了 Cu 含量的两个高沉降区域：湾口底层水域和湾口外侧底层水域。

因此，笔者认为，这个物质含量的沉降过程揭示了：①即使有许多输送来源，其高沉降区域也许只有一个；②高沉降区域的个数一定少于等于输送来源的个数；③虽然时间不同，可是输送的来源相同，其高沉降区域也相同；④物质输送来源和高沉降区域在海湾湾口的同一侧；⑤物质含量在迅速地沉降，表层的物质含量高于等于底层的含量（表 19-2）。

表 19-2　胶州湾水体的 Cu 含量来源及沉降　　　　（单位：μg/L）

来源及沉降	1982 年	1983 年	1984 年	1985 年
输送 Cu 含量来源	地表径流的输送和外海海流的输送	河流的输送、船舶码头的输送、近岸岛尖端的输送和地表径流的输送	河流的输送和外海海流的输送	河流的输送和外海海流的输送
来源输送 Cu 含量	3.56 和 2.33	2.20～10.57、9.48、4.86 和 2.28	1.88～4.00 和 2.00	0.37～0.43 和 0.39
高沉降区域	西南沿岸底层水域和西南湾口底层水域	湾口内侧的东部近岸底层水域	湾口底层水域和湾口外侧底层水域	湾口底层水域和湾口外侧底层水域
高沉降区域 Cu 含量	1.46～3.22	1.90～3.95	0.61～2.97	0.12～0.42

19.4　结　　论

1982～1985 年，4～10 月（缺少 6 月和 8 月），在胶州湾水体中的底层 Cu 含量变化范围为 0.10～3.95μg/L，符合国家一类海水的水质标准。这表明在 Cu 含量方面，4~10 月（缺少 6 月和 8 月），在胶州湾的底层水域，水质清洁，完全没有受到任何污染。1982~1985 年，在胶州湾的底层水域，10 月，随着时间的变化，Cu 含量在大幅度减少；7 月，随着时间变化，Cu 含量在减少。

1982~1985 年，向胶州湾输送 Cu 含量的各种来源展示了 Cu 含量在迅速地沉降，并且在底层具有累积的过程。在第一年有两个来源：外海海流的输送、地表径流的输送，将 Cu 经过水体沉降到海底，决定了 Cu 含量的两个高沉降区域：胶州湾的西南沿岸底层水域和西南湾口底层水域。在第二年有 4 个来源：河流的输送、船舶码头的输送、近岸岛尖端的输送和地表径流的输送，将 Cu 经过水体沉降到海底，决定了 Cu 的单一高沉降区域：湾口内侧的东部近岸底层水域。在第三年有两个来源：外海海流的输送、河流的输送，将 Cu 经过水体沉降到海底，决定了 Cu 含量的两个高沉降区域：湾口底层水域和湾口外侧底层水域。在第四年有两个来源：外海海流的输送、河流的输送，将 Cu 经过水体沉降到海底，决定了 Cu 含量的两个高沉降区域：湾口底层水域和湾口外侧底层水域。

因此，作者提出了物质含量的沉降过程的规律：①即使有许多输送来源，其高沉降区域也许只有一个；②高沉降区域的个数一定少于等于输送来源的个数；③虽然时间不同，可是输送的来源相同，其高沉降区域也相同；④物质输送来源和高沉降区域在海湾湾口的同一侧；⑤物质含量在迅速地沉降，表层的物质含量高于等于底层的含量。

1982~1985 年，在时间和空间尺度上，输送 Cu 来源、表层输送 Cu、Cu 的高沉降区域、高沉降区域的 Cu 含量展示了 Cu 的沉降过程。沉降过程的特征说明了不仅有自然界输送的 Cu，而且还有人类活动输送的 Cu。

参 考 文 献

[1] 杨东方, 苗振清. 海湾生态学(上册). 北京: 海洋出版社, 2010: 1-320.

[2] 杨东方, 高振会. 海湾生态学(下册). 北京: 海洋出版社, 2010: 1-330.

[3] Yang D F, Miao Z Q, Song W P, et al. Research on the sources of Cu in Jiaozhou Bay. Advanced Materials Research, 2015, 1092-1093: 1013-1016.

[4] Yang D F, Miao W Q, Cui W L, et al. Input and transfer processes of Cu in bay waters. Advances in Intelligent Systems Research, 2015: 17-20.

[5] Yang D F, Wang F Y, Zhu S X, et al. A research on the vertical transfer process of Cu in JiaozhouBay. Advances in Engineering Research, 2015, 31: 1284-1287.

[6] Yang D F, Zhu S X, Wu Y J, et al. Aggregation, divergence and homogeneity of Cu in Marine bay bottom waters . Advances in Engineering Research, 2015, 31: 1288-1291.

[7] Yang D F, Wang F Y, Zhu S X, et al. Environmental conditions of Jiaozhou Bay in 1980. Materials Engineering and Information Technology Apllication, 2015: 554-557.

[8] Yang D F, Zhu S X, Zhao X L, et al. Environmental conditions of Jiaozhou Bay, 1981. Advances in Engineering

Research, 2015, 40: 770-775.

[9] Yang D F, Zhu S X, Wang F Y, et al. The impact of marine current to Cu contents in Jiaozhou Bay. Advances in Computer Science Research, 2015: 1765-1769.

[10] Yang D F, Zhu S X, Wang F Y, et al. The good water quality on Cu in Jiaozhou Bay waters. Advances in Engineering Research, 2016, 60: 408-411.

[11] Yang D F, Zhu S X, Wang M, et al. Different sources and high sedimentation rate regions of Cu in Jiaozhou Bay. Advances in Engineering Research, 2016, 67: 1311-1314.

[12] Yang D F, Yang D F, Wang M, et al. Sedimentation process and high sedimentation rate position of Cu in Jiaozhou Bay. Advances in Engineering Research, 2016, Part G: 1917-1920.

[13] Yang D F, Yang D F, He H Z, et al. Background level of Cu in Jiaozhou Bay and open sea . Advances in Engineering Research, 2016, 84: 852-856.

[14] Yang D F, He H Z, Wang F Y, et al. High Cu sedimentation locations in Jiaozhou Bay . Advances in Materials Science, Energy Technology and Environmental Engineering, 2017: 291-294.

[15] Yang D F, Zhu S X, Yang D F, et al. Vertical distribution of Cu in waters in the bay mouth of Jiaozhou Bay. Computer Life, 2016, 4(6): 579-584.

[16] Yang D F, Yang D F, Tao X Z, et al. Natural background value of Cu in Jiaozhou Bay . World Scientific Research Journal, 2016, 2(2): 69-73.

[17] Yang D F, Chen Y, Gao Z H, et al. Silicon limitation on primary production and its destiny in Jiaozhou Bay, China IV transect offshore the coast with estuaries . Chin J Oceanol Limnol, 2005, 23(1): 72-90.

[18] 杨东方, 王凡, 高振会, 等. 胶州湾浮游藻类生态现象. 海洋科学, 2004, 28(6): 71-74.

[19] 国家海洋局. 海洋监测规范. 北京: 海洋出版社, 1991.

[20] Yang D F, Wang F Y, He H Z, et al. Vertical water body effect of benzene hexachloride. Proceedings of the 2015 international symposium on computers and informatics, 2015: 2655-2660.

[21] Yang D F, Wang F Y, Zhao X L, et al. Horizontal waterbody effect of hexachlorocyclohexane . Sustainable Energy and Enviroment Protection, 2015: 191-195.

[22] Yang D F, Wang F Y, Yang X Q, et al. Water's effect of benzene hexachloride . Advances in Computer Science Research, 2015, 2352: 198-204.

第20章 胶州湾水域铜的水域迁移趋势

20.1 背　景

20.1.1 胶州湾自然环境

胶州湾位于山东半岛南部，其地理位置为东经 120°04′～120°23′，北纬 35°58′～36°18′，以团岛与薛家岛连线为界，与黄海相通，面积约为 446km²，平均水深约 7m，是一个典型的半封闭型海湾（图 20-1）。胶州湾入海的河流有十几条，其中径流量和含沙量较大的为大沽河和洋河，青岛市区的海泊河、李村河和娄山河等河流，这些河流均属季节性河流，河水水文特征有明显的季节性变化[17,18]。

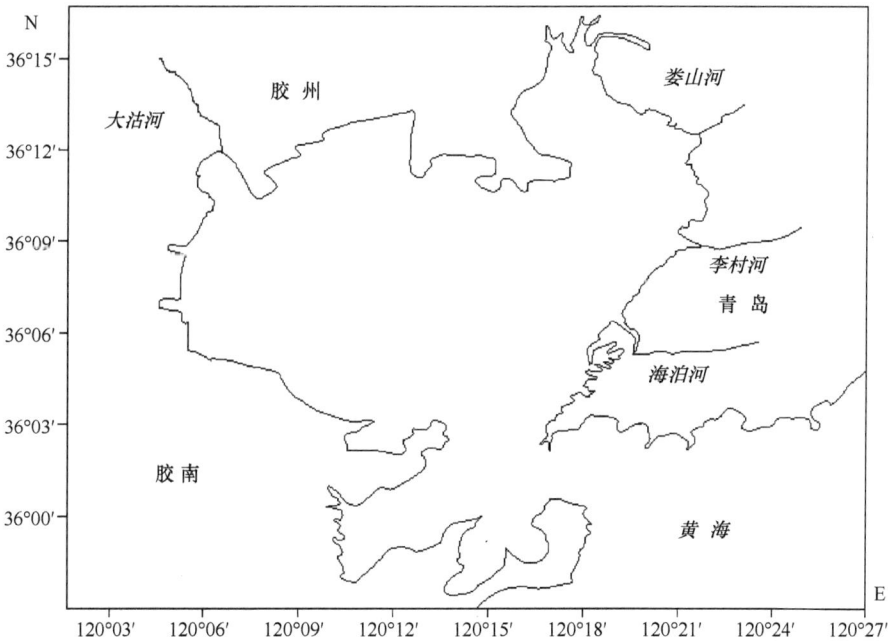

图 20-1　胶州湾地理位置

20.1.2　数据来源与方法

本研究所使用的调查数据由国家海洋局北海监测中心提供。胶州湾水体 Cu 的调查[1~16]按照国家标准方法进行,该方法被收录在国家的《海洋监测规范》(1991年)中[19]。

1982 年 4 月、6 月、7 月和 10 月,1983 年 5 月、9 月和 10 月,1984 年 7 月、8 月和 10 月,1985 年 4 月、7 月和 10 月,进行胶州湾水体 Cu 的调查[3~16]。以 4月、5 月和 6 月为春季,以 7 月、8 月和 9 月为夏季,以 10 月、11 月和 12 月为秋季。

20.2　水平分布趋势

1982 年、1983 年、1984 年、1985 年,对胶州湾水体表层、底层中的 Cu 含量进行调查,展示了表层、底层含量的水平分布趋势。

20.2.1　1982 年

在胶州湾的西南沿岸水域,从西南的近岸 122 站位到东北的湾中心 084 站位。

7 月,在表层,Cu 含量沿梯度上升,从 0.50μg/L 上升到 0.53μg/L。在底层,Cu 含量沿梯度降低,从 1.46μg/L 降低到 0.29μg/L。这表明表层、底层的水平分布趋势是相反的。

10 月,在表层,Cu 含量沿梯度降低,从 3.56μg/L 降低到 2.55μg/L。在底层,Cu 含量沿梯度上升,从 1.78μg/L 上升到 2.78μg/L。这表明表层、底层的水平分布趋势是相反的。

总之,7 月和 10 月,胶州湾西南沿岸水域的水体中,表层 Cu 的水平分布与底层分布趋势是相反的(表 20-1)。

表 20-1　1982 年胶州湾水域 Cu 含量的表层、底层水平分布趋势

月份＼水层	表层	底层	趋势
7 月	上升	下降	相反
10 月	下降	上升	相反

20.2.2　1983 年

在胶州湾的湾口水域,从胶州湾接近湾口内的近岸水域站位 H37 到湾口水域

站位 H35。

5 月，在表层，Cu 含量沿梯度降低，从 9.48μg/L 降低到 2.94μg/L。在底层，Cu 含量沿梯度降低，从 3.88μg/L 降低到 2.23μg/L。这表明表层、底层的水平分布趋势是一致的。

9 月，在表层，Cu 含量沿梯度上升，从 1.28μg/L 上升到 4.86μg/L。在底层，Cu 含量沿梯度降低，从 1.90μg/L 降低到 1.59μg/L。这表明表层、底层的水平分布趋势是相反的。

10 月，在表层，Cu 含量沿梯度上升，从 1.40μg/L 上升到 2.00μg/L。在底层，Cu 含量沿梯度上升，从 1.45μg/L 上升到 1.78μg/L。这表明表层、底层的水平分布趋势是一致的。

5 月和 10 月，胶州湾湾口水域的水体中，表层 Cu 的水平分布与底层的水平分布趋势是一致的。而 9 月，胶州湾湾口水域的水体中，表层 Cu 的水平分布与底层的水平分布趋势是相反的（表 20-2）。

表 20-2　1983 年胶州湾水域 Cu 含量的表层、底层水平分布趋势

月份＼水层	表层	底层	趋势
5 月	下降	下降	一致
9 月	上升	下降	相反
10 月	上升	上升	一致

20.2.3　1984 年

在胶州湾的湾口水域，由于在夏季 Cu 来自河流的输送，考虑从湾口内侧水域 2033 站位到湾口水域 2032 站位。

7 月，在表层，Cu 含量沿梯度降低，从 1.83μg/L 降低到 0.28μg/L。在底层，Cu 含量沿梯度上升，从 0.36μg/L 上升到 2.97μg/L。这表明表层、底层的水平分布趋势是相反的。

在胶州湾的湾口水域，由于在秋季 Cu 含量来自外海海流的输送，考虑从胶州湾湾外的东部近岸水域 2031 站位到湾口水域 2032 站位。

10 月，在表层，Cu 含量沿梯度降低，从 2.00μg/L 降低到 0.90μg/L。在底层，Cu 含量沿梯度下降，从 0.61μg/L 降低到 0.40μg/L。这表明表层、底层的水平分布趋势是一致的。

胶州湾湾口水域的水体中，7 月，表层 Cu 的水平分布与底层的水平分布趋势是相反的。10 月，表层 Cu 的水平分布与底层的水平分布趋势是一致的（表 20-3）。

表 20-3　1984 年胶州湾水域 Cu 含量的表层、底层水平分布趋势

月份　　水层	表层	底层	趋势
7 月	下降	上升	相反
10 月	下降	下降	一致

20.2.4　1985 年

在胶州湾的湾口水域，从湾口水域 2032 站位到胶州湾湾外的东部近岸水域 2031 站位。

4 月，在表层，Cu 含量沿梯度上升，从 0.36μg/L 上升到 0.39μg/L。在底层，Cu 含量沿梯度上升，从 0.10μg/L 上升到 0.12μg/L。这表明表层、底层的水平分布趋势是一致的。

7 月，在表层，Cu 含量沿梯度降低，从 0.22μg/L 降低到 0.10μg/L。在底层，Cu 含量沿梯度降低，从 0.42μg/L 降低到 0.19μg/L。这表明表层、底层的水平分布趋势是一致的。

10 月，在表层，Cu 含量沿梯度上升，从 0.25μg/L 上升到 0.39μg/L。在底层，Cu 含量沿梯度上升，从 0.19μg/L 上升到 0.30μg/L。这表明表层、底层的水平分布趋势是一致的。

4 月、7 月和 10 月，胶州湾湾口水域的水体中，表层 Cu 的水平分布与底层的水平分布趋势是一致的（表 20-4）。

表 20-4　1985 年胶州湾水域 Cu 含量的表层、底层水平分布趋势

月份　　水层	表层	底层	趋势
4 月	上升	上升	一致
7 月	下降	下降	一致
10 月	上升	上升	一致

20.3　水域迁移的趋势过程

20.3.1　来　　源

1982～1985 年，在胶州湾水体中,胶州湾水域 Cu 含量有 5 个主要来源[3~16]，即外海海流的输送（0.39～20.60μg/L）、河流的输送（0.37～10.57μg/L）、近岸岛尖端的输送（0.77～4.86μg/L）、地表径流的输送（2.28～3.56μg/L）和船舶

码头的输送（9.48μg/L）。

时间尺度上，在整个胶州湾水域，Cu 最初来自于自然界的产生，随着时间的变化，Cu 不仅来自于自然界的产生同时也是由人类活动产生的，这样，在水体中的 Cu 含量增加到高峰值。然后，通过 Cu 含量在水域的沉降过程，从表层穿过水体，来到底层。于是，表层 Cu 含量降低到低谷值。

空间尺度上，向胶州湾水域输入的 Cu 含量是随着来源的入海口，从大到小的变化，也就是随着与来源的入海口的距离大小而变化[3~16]。因此，在胶州湾水域，通过外海海流的输送、河流的输送、近岸岛尖端的输送、地表径流的输送和船舶码头的输送，将 Cu 含量输入到胶州湾的水域。

20.3.2　水域迁移过程

铜是一种存在于地壳和海洋中的金属，在地壳中的含量约为 0.01%，在个别铜矿床中，铜的含量可以达到 3%～5%。自然界中的铜，多数以化合物，即铜矿石存在。自然界的铜矿有三种形式：自然铜、硫化矿、氧化矿。这说明 Cu 在水中迁移的过程中，一直具有稳定的化学性质。

在胶州湾水域，Cu 随着来源的高低和经过距离的变化进行迁移，在水体效应的作用下[20~22]，Cu 在表层、底层的水平分布趋势发生了变化。

1. 1982 年

1982 年，在胶州湾的西南沿岸水域，表层、底层的水平分布趋势展示了 Cu 含量的沉降过程。7 月，表层 Cu 经过了大量的沉降，底层的 Cu 含量就比较高，于是，表层 Cu 含量沿梯度上升，而底层 Cu 含量沿梯度在降低。这样，表层、底层的 Cu 含量水平分布趋势是相反的。

10 月，随着表层 Cu 含量的一直沉降，使得底层 Cu 含量，与表层 Cu 含量趋向于一致。这样，表层 Cu 含量沿梯度降低，而底层 Cu 含量沿梯度在上升。表层、底层的 Cu 含量水平分布趋势是相反的。

这表明表层 Cu 经过了大量的沉降，同时，表层 Cu 含量具有迅速的沉降，导致了表层、底层的 Cu 含量趋向于一致。

2. 1983 年

1983 年，在胶州湾的湾口水域，表层、底层的水平分布趋势表明 Cu 含量的沉降过程。5 月，Cu 含量已经进入胶州湾的水体中，表层 Cu 含量比较高，由于表层 Cu 有大量的沉降，底层 Cu 含量也比较高。于是，表层 Cu 含量沿梯度降低，而底层 Cu 含量沿梯度也在降低。这样，表层、底层的 Cu 含量水平分布趋势是一致的。9 月，表层 Cu 含量经过了大量的沉降，底层的 Cu 含量就比较高，于是，在表层 Cu 含量沿梯度上升，而底层 Cu 含量沿梯度在降低。这样，表层、底层的 Cu 含量水平分布趋势是相反的。10 月，经过了持久的、大量的沉降，表层 Cu 含量继续上升，而底层的 Cu 含量也开始升高，于是，表层 Cu 含量沿梯度上升，而底层 Cu 含量沿梯度也在上升。这样，表层、底层的 Cu 含量水平分布趋势是一致的。这表明 5 月、9 月和 10 月，从 Cu 进入水体，有大量的沉降，到经过了大量的沉降，再到经过了持久的、大量的沉降，这个过程展示了表层、底层的 Cu 含量水平分布趋势的变化。

3. 1984 年

1984 年，在胶州湾的湾口水域，表层、底层的水平分布趋势展示了 Cu 含量的沉降过程。7 月，Cu 含量已经进入胶州湾的水体中，夏季 Cu 含量来自河流的输送，表层 Cu 含量比较高，由于表层 Cu 含量有大量的沉降，底层 Cu 含量也比较高。于是，在表层 Cu 含量沿梯度降低，而底层 Cu 含量沿梯度在上升。这样，表层、底层的 Cu 含量水平分布趋势是相反的。10 月，在秋季 Cu 含量来自外海海流的输送，在表层 Cu 含量沿梯度下降，而底层 Cu 含量沿梯度也在下降。这样，表层、底层的 Cu 含量水平分布趋势是一致的。在胶州湾的湾口水域，表层、底层的水平分布趋势表明河流输送的 Cu 含量，在表层 Cu 含量沿梯度下降。经过了持久的、大量的沉降，底层 Cu 含量开始升高。这样，表层、底层的 Cu 含量水平分布趋势是相反的。在胶州湾的湾口水域，表层、底层的水平分布趋势表明外海海流输送的 Cu 含量，在表层 Cu 含量沿梯度下降。由于海流输送的含量比较低，而且输送的含量比较稳定，于是，底层 Cu 含量沿梯度也在下降。这样，表层、底层的 Cu 含量水平分布趋势是一致的。因此，7 月和 10 月，Cu 含量在水体中的迁移过程展示了来源的不同造成了表层、底层的 Cu 含量水平分布趋势的变化不同。

4. 1985 年

1985 年，在胶州湾的湾口水域，表层、底层的水平分布趋势展示了 Cu 含量的沉降过程。4 月，Cu 含量来自外海海流的输送。从湾口水域到胶州湾湾外的东部近岸水域，表层 Cu 含量沿梯度上升，并且表层 Cu 含量比较低。由于表层 Cu 有大量的沉降，同样，底层 Cu 含量沿梯度也在上升，并且底层 Cu 含量也比较低。这样，表层、底层的 Cu 含量水平分布趋势是一致的。7 月，Cu 含量已经进入胶州湾水体中，在夏季 Cu 含量来自河流的输送，表层 Cu 含量比较低，从湾口水域到胶州湾湾外的东部近岸水域，表层 Cu 含量沿梯度降低。由于表层 Cu 含量有大量的沉降，于是，在底层 Cu 含量沿梯度在降低，同样底层 Cu 含量也比较低。这样，表层、底层的 Cu 含量水平分布趋势是一致的。10 月，Cu 含量来自外海海流的输送。从湾口水域到胶州湾湾外的东部近岸水域，表层 Cu 含量沿梯度上升，并且表层 Cu 含量比较低。由于表层 Cu 含量有大量的沉降，同样，底层 Cu 含量沿梯度也在上升，并且底层 Cu 含量也比较低。这样，表层、底层的 Cu 含量水平分布趋势是一致的。

这表明 4 月、7 月和 10 月，沿着 Cu 含量输送来源的方向，表层 Cu 含量沿梯度降低，底层 Cu 含量沿梯度在降低。这样，输送来源的方向确定了表层、底层 Cu 含量水平分布趋势的变化。于是，河流输送的方向和外海海流输送的方向刚好相反，这两个来源提供的 Cu 含量在表层、底层的水平分布趋势方向也刚好相反。

20.3.3　水域迁移的趋势机制

1982～1985 年，通过物质含量的表层水平分布趋势与底层水平分布趋势，作者提出了物质含量的水域迁移趋势机制：在水体中，物质含量有输送来源。沿着物质含量输送来源的方向，表层物质含量沿梯度降低，底层物质含量沿梯度也在降低。在此过程中，物质含量具有迅速的沉降，并且具有海底的累积。物质含量输送来源的方向决定了表层、底层物质含量的水平分布趋势。输送来源的物质含量确定了物质含量的高沉降地方。

1982～1985 年，表层物质含量的水平分布与底层的水平分布趋势揭示了物质含量具有迅速的沉降，并且具有海底的累积。那么，物质含量的水域迁移趋势过程确定了物质含量的高沉降地方。

1. 输送来源的方向

物质含量输送来源的方向决定了表层、底层物质含量的水平分布趋势。沿着物质含量输送来源的方向，表层物质含量沿梯度降低，底层物质含量沿梯度也在降低。这充分展示了物质含量具有迅速的沉降，并且具有海底的累积。这样，就可以确定物质含量的高沉降地方。

2. 一个输送来源的高沉降

如果在一个水体中，有一个物质含量输送来源。根据作者提出的物质含量水域迁移趋势机制，就可以知道：沿着物质含量输送来源的方向，在表层物质含量沿梯度在降低，在底层物质含量沿梯度在降低。由于物质含量具有迅速的沉降以及具有海底的累积，就可以确定物质含量的高沉降地方，这就是物质含量输送来源进入水体的地方。例如，如果在胶州湾水体中，只有一个河流作为物质含量的输送来源，那么在胶州湾水体底层，物质含量的高沉降地方在河流的入海口。

3. 两个输送来源的高沉降

如果在一个水体中，有两个物质含量输送来源。根据作者提出的物质含量水域迁移趋势机制，就可以知道：沿着物质含量输送来源的方向，在表层物质含量沿梯度在降低，在底层物质含量沿梯度在降低。由于物质含量具有迅速的沉降以及具有海底的累积，就可以确定物质含量的高沉降地方，这就是，沿着两个物质含量输送来源的方向，表层物质含量沿梯度交汇的地方，在此交汇的地方，物质含量受到两个来源的输送，就会产生叠加沉降，造成底层的物质含量升高，形成了物质含量的高沉降。例如，在胶州湾水体中，如果有两个物质含量的输送来源：河流的输送和外海海流的输送，河流的输送来源于胶州湾的湾内，外海海流的输送来源于胶州湾的湾外，于是，在胶州湾的湾口底层水域，出现了物质含量的高沉降地方。

4. 多个输送来源的高沉降

如果在一个水体中，有多个物质含量输送来源。根据作者提出的物质含量水域迁移趋势机制，就可以知道：沿着物质含量输送来源的方向，在表层物质含量沿梯度在降低，在底层物质含量沿梯度在降低。由于物质含量具有迅速的沉降以及具有海底的累积，就可以确定物质含量的高沉降地方。沿着许多个物质含量输送来源的方向，以每一个输送来源物质含量为中心，表层物质含量沿着梯度降低。有许多个物质含量输送来源，就有许多表层物质含量沿着梯度降低。在水体中，就出现了许多表层物质含量沿着梯度进行交汇。那么，在此交汇的地方，物质含量受到许多个来源的输送，就会产生许多的叠加沉降，造成底层的物质含量升高，形成了物质含量的高沉降。例如，在胶州湾水体中，如果有三个物质含量的输送来源：河流的输送、近岸岛尖端的输送和船舶码头的输送，河流的输送、近岸岛尖端的输送和船舶码头的输送都来源于胶州湾的湾内，于是，在胶州湾的湾口内侧底层水域，出现了物质含量的高沉降地方。

20.3.4　高沉降地方的模型及模型框图

1982～1985 年，表层、底层 Cu 含量的水平分布趋势展示了 Cu 的水域迁移趋势过程。这个过程中揭示了从输送来源的表层 Cu 含量沿梯度在降低，Cu 含量具有迅速的沉降，同时还具有海底的累积，在底层出现了 Cu 含量的高沉降地方。

1. 一个输送来源的高沉降

如果在一个水体中，有一个物质含量输送来源。根据作者提出的物质含量水域迁移趋势机制，就可以知道：沿着物质含量输送来源的方向，在表层物质含量沿梯度在降低，在底层物质含量沿梯度在降低。那么，物质含量的高沉降地方在物质含量输送来源的位置（图 20-2）。

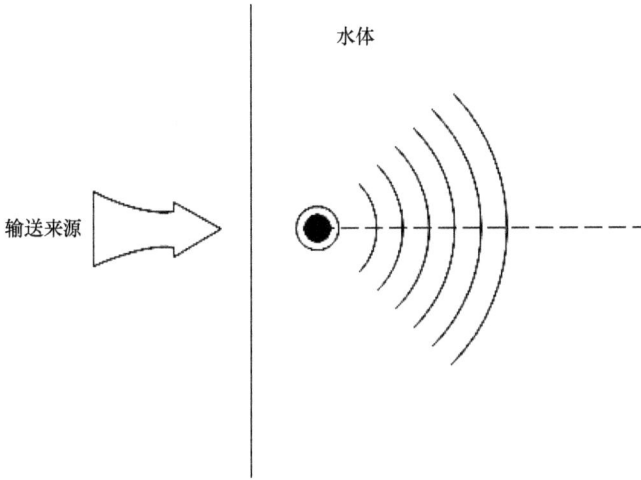

图 20-2 　来自一个物质含量输送来源的物质含量的高沉降地方模型框图

2. 两个输送来源的高沉降

如果在一个水体中，有两个物质含量输送来源。根据作者提出的物质含量水域迁移趋势机制，就可以知道：沿着物质含量输送来源的方向，在表层物质含量沿梯度在降低，在底层物质含量沿梯度在降低。沿着两个物质含量输送来源的方向，表层物质含量沿梯度交汇的地方，在此交汇的地方，物质含量受到两个来源的输送，就会产生叠加沉降，造成底层的物质含量升高，形成了物质含量的高沉降。

假设两个物质含量输送来源分别为点 A 和 B。将 A 和 B 两点连线，那么高沉降的地方一定在 AB 连线上。假设点 D 到两个点 A 和 B 的距离最短，那么点 D 一定是 AB 连线的中点。两个物质含量输送来源点 A 和 B 输送物质含量，在点 D 处的叠加达到最高值。于是，在点 D 处造成底层的物质含量升高，形成了物质含量的高沉降。那么，在点 D 处就是这两个物质含量输送来源输送的物质含量的高沉降地方（图 20-3）。

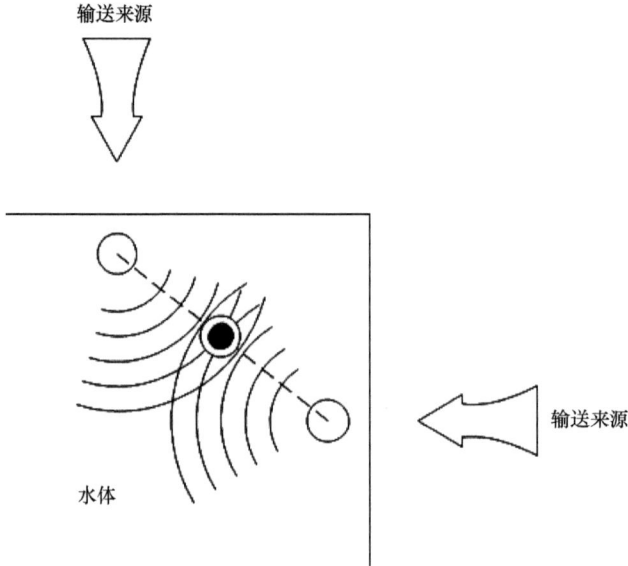

图 20-3　来自两个物质含量输送来源的物质含量的高沉降地方模型框图

3. 三个输送来源的高沉降

如果在一个水体中，有三个物质含量输送来源。根据作者提出的物质含量水域迁移趋势机制，就可以知道：沿着物质含量输送来源的方向，在表层物质含量沿梯度在降低，在底层物质含量沿梯度在降低。沿着三个物质含量输送来源的方向，表层物质含量沿梯度交汇的地方，在此交汇的地方，物质含量受到三个来源的输送，就会产生叠加沉降，造成底层的物质含量升高，形成了物质含量的高沉降。

假设三个物质含量输送来源分别为点 A、B 和 C。将 A、B 和 C 三点连线，形成一个三角形△ABC。在这个△ABC，分别以点 A、B 和 C 为三角形的 3 个顶点。假设点 D 到这三个顶点的距离最短，根据三角形的重心定理，重心到三角形三个顶点距离的平方和最小，那么，重心到三角形三顶点的距离也是最小的，点 D 就是这个三角形的重心。点 A、B 和 C 分别是三个物质含量输送来源，这时，点 A、B 和 C 分别是三个输送来源的物质含量处于最高值。点 D 到三个点 A、B 和 C 的距离最短，也就是从这三个点 A、B 和 C 的物质含量在点 D 处下降的最少。换句话说，三个物质含量输送来源点 A、B 和 C 分别在输送的物质，在点 D 处的叠加达到最高值。于是，在点 D 处造成底层的物质含量升高，形成了物质含量的高沉降。那么，在点 D 处就是这三个物质含量输送来源输送的物质含量的高沉降地方（图 20-4）。

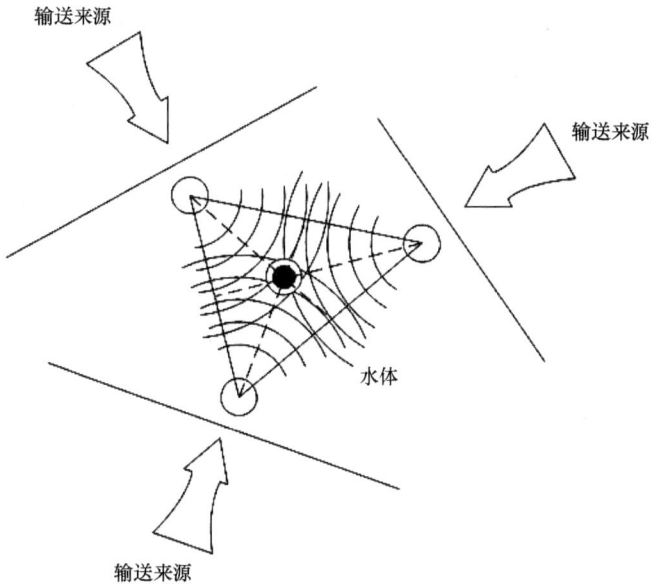

图 20-4　来自三个物质含量输送来源的物质含量的高沉降地方模型框图

4. n 个输送来源的高沉降

如果在一个水体中，有 n 个物质含量输送来源。根据作者提出的物质含量水域迁移趋势机制，就可以知道：沿着物质含量输送来源的方向，在表层物质含量沿梯度在降低，在底层物质含量沿梯度在降低。沿着 n 个物质含量输送来源的方向，表层物质含量沿梯度交汇的地方，在此交汇的地方，物质含量受到 n 个来源的输送，就会产生叠加沉降，造成底层的物质含量升高，形成了物质含量的高沉降。

假设 n 个物质含量输送来源分别为点 A、B、C、⋯、N。将点 A、B、C、⋯、N 中两两连接起来，相邻两点都成为连线，形成一个多边形 ABC⋯N。在这个多边形 ABC⋯N，分别以点 A、B、C、⋯、N 为多边形的 n 个顶点。假设点 O 到这三个顶点的距离最短，根据多边形的重心定理，重心到多边形 n 个顶点距离的平方和最小，那么，重心到多边形 n 个顶点的距离也是最小的，点 O 就是这个多边形的重心。点 A、B、C、⋯、N 分别是 n 个物质含量输送来源，这时，点 A、B、C、⋯、N 分别是 n 个输送来源的物质含量处于最高值。点 O 到 n 个点 A、B、C、⋯、N 的距离最短，也就是从这 n 个点 A、B、C、⋯、N 的物质含量在点 O 处下降得最少。换句话说，n 个物质含量输送来源点 A、B、C、⋯、N 分别在输送的物质含量，在点 O 处的叠加达到最高值。于是，在点 D 处造成底层的物质含量升高，形成了物质含量的高沉降。那么，在点 O 处就是，通过这 n

个物质含量输送来源，输送的物质含量的高沉降地方（图 20-5）。这就是物质含量的高沉降地方模型。

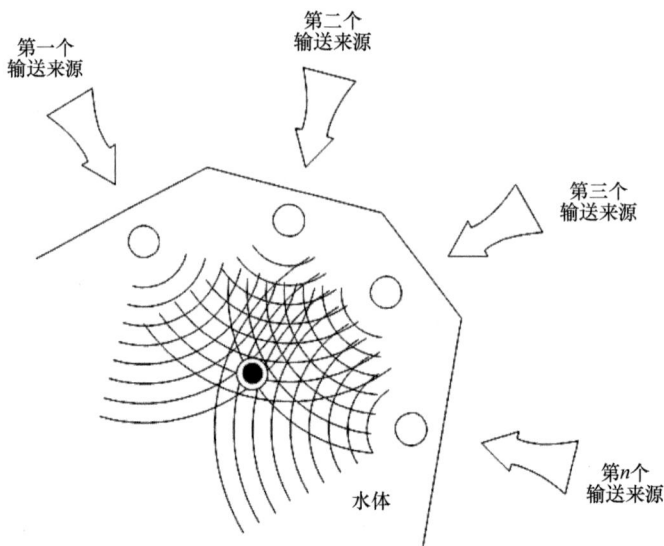

图 20-5　来自 n 个物质含量输送来源的物质含量的高沉降地方模型框图

根据作者提出的物质含量的水域迁移趋势机制，应用数学计算，建立了物质含量的高沉降地方模型。对此，作者提出了物质含量的高沉降地方框图（图 20-2～图 20-5）。

通过此物质含量的高沉降地方框图来确定物质含量的高沉降地方，就能分析知道物质含量经过的路径和留下的轨迹。因此，这个模型框图展示了：借助于有 n 个物质含量输送来源，确定输送的物质含量的高沉降地方。

20.4　结　　论

1982～1985 年，表层、底层 Cu 含量的水平分布趋势展示了 Cu 的水域迁移趋势过程。此过程揭示了表层 Cu 含量具有迅速的沉降，同时还具有海底的累积。

1982～1985 年，通过物质含量的表层水平分布趋势与底层水平分布趋势，作者提出了物质含量的水域迁移趋势机制：在水体中，物质含量有输送来源。沿着物质含量输送来源的方向，表层物质含量沿梯度降低，底层物质含量沿梯度也在降低。在此过程中，物质含量具有迅速的沉降，并且具有海底的累积。物质含量输送来源的方向决定了表层、底层物质含量的水平分布趋势。输送来源的物质含量确定了物质含量的高沉降地方。

在一个水体中，有一个、两个、三个和 n 个物质含量输送来源。根据作者提出的物质含量水域迁移趋势机制，应用数学计算，建立了物质含量的高沉降地方模型。通过该模型，确定了水体中物质含量的高沉降地方。并且提出的该模型的模型框图展示了：借助于有 n 个物质含量输送来源，确定输送的物质含量的高沉降地方。

作者提出了物质含量的水域迁移趋势过程机制，充分表明了时空变化的物质含量迁移趋势。强有力地确定了在时间和空间的变化过程中，表层的物质含量变化趋势、底层的物质含量变化趋势及物质含量高沉降地方。并且作者建立了物质含量的高沉降地方模型，同时提出了物质含量的高沉降地方模型框图，说明了物质含量经过的路径和留下的轨迹，预测了表层、底层的物质含量水平分布趋势。

参 考 文 献

[1]　杨东方, 苗振清. 海湾生态学(上册). 北京: 海洋出版社, 2010: 1-320.

[2]　杨东方, 高振会. 海湾生态学(下册). 北京: 海洋出版社, 2010: 1-330.

[3]　Yang D F, Miao Z Q, Song W P, et al. Research on the sources of Cu in Jiaozhou Bay. Advanced Materials Research, 2015, 1092-1093: 1013-1016.

[4]　Yang D F, Miao Z Q, Cui W L, et al. Input and transfer processes of Cu in bay waters. Advances in Intelligent Systems Research, 2015: 17-20.

[5]　Yang D F, Wang F Y, Zhu S X, et al. A research on the vertical transfer process of Cu in Jiaozhou Bay. Advances in Engineering Research, 2015, 31: 1284-1287.

[6]　Yang D F, Zhu S X, Wu Y J, et al. Aggregation, divergence and homogeneity of Cu in Marine bay bottom waters . Advances in Engineering Research, 2015, 31: 1288-1291.

[7]　Yang D F, Wang F Y, Zhu S X, et al. Environmental conditions of Jiaozhou Bay in 1980. Materials Engineering and Information Technology Apllication, 2015: 554-557.

[8]　Yang D F, Zhu S X, Zhao X L, et al. Environmental conditions of Jiaozhou Bay, 1981. Advances in Engineering Research, 2015, 40: 770-775.

[9]　Yang D F, Zhu S X, Wang F Y, et al. The impact of marine current to Cu contents in Jiaozhou Bay. Advances in Computer Science Research, 2015: 1765-1769.

[10]　Yang D F, Zhu S X, Wang F Y, et al. The good water quality on Cu in Jiaozhou Bay waters. Advances in Engineering Research, 2016, 60: 408-411.

[11]　Yang D F, Zhu S X, Wang M, et al. Different sources and high sedimentation rate regions of Cu in Jiaozhou Bay. Advances in Engineering Research, 2016, 67: 1311-1314.

[12]　Yang D F, Yang D F, Wang M, et al. Sedimentation process and high sedimentation rate position of Cu in Jiaozhou Bay. Advances in Engineering Research, 2016, Part G: 1917-1920.

[13]　Yang D F, Yang D F, He H Z, et al. Background level of Cu in Jiaozhou Bay and open sea. Advances in Engineering Research, 2016, 84: 852-856.

[14]　Yang D F, He H Z, Wang F Y, et al. High Cu sedimentation locations in Jiaozhou Bay. Advances in Materials Science, Energy Technology and Environmental Engineering, 2017: 291-294.

[15]　Yang D F, Zhu S X, Yang D F, et al. Vertical distribution of Cu in waters in the bay mouth of Jiaozhou Bay .

Computer Life, 2016, 4(6): 579-584.

[16] Yang D F, Yang D F, Tao X Z, et al. Natural background value of Cu in Jiaozhou Bay. World Scientific Research Journal, 2016, 2(2): 69-73.

[17] Yang D F, Chen Y, Gao Z H, et al. Silicon limitation on primary production and its destiny in Jiaozhou Bay, China Ⅳ transect offshore the coast with estuaries . Chin J Oceanol Limnol, 2005: 23(1): 72-90.

[18] 杨东方, 王凡, 高振会, 等. 胶州湾浮游藻类生态现象. 海洋科学, 2004, 28(6): 71-74.

[19] 国家海洋局. 海洋监测规范. 北京: 海洋出版社, 1991.

[20] Yang D F, Wang F Y, He H Z, et al. Vertical water body effect of benzene hexachloride. Proceedings of the 2015 international symposium on computers and informatics, 2015: 2655-2660.

[21] Yang D F, Wang F Y, Zhao X L, et al. Horizontal waterbody effect of hexachlorocyclohexane. Sustainable Energy and Enviroment Protection, 2015: 191-195.

[22] Yang D F, Wang F Y, Yang X Q, et al. Water's effect of benzene hexachloride. Advances in Computer Science Research, 2015, 2352: 198-204.

第21章　胶州湾水域铜的水域垂直迁移过程

21.1　背　　景

21.1.1　胶州湾自然环境

胶州湾位于山东半岛南部，其地理位置为东经 120°04′~120°23′，北纬 35°58′~36°18′，以团岛与薛家岛连线为界，与黄海相通，面积约为 446km²，平均水深约 7m，是一个典型的半封闭型海湾（图 21-1）。胶州湾入海的河流有十几条，其中径流量和含沙量较大的为大沽河和洋河，青岛市区的海泊河、李村河和娄山河等河流，这些河流均属季节性河流，河水水文特征有明显的季节性变化[17,18]。

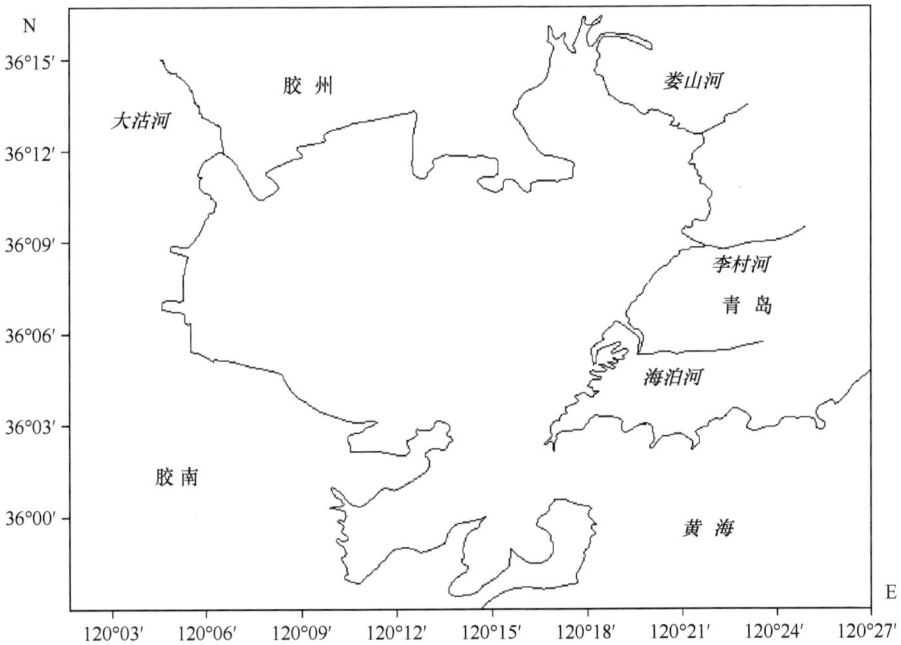

图 21-1　胶州湾地理位置

21.1.2   数据来源与方法

本研究所使用的调查数据由国家海洋局北海监测中心提供。胶州湾水体 Cu 的调查[1~16]按照国家标准方法进行,该方法被收录在国家的《海洋监测规范》(1991 年）中[19]。

1982 年 4 月、6 月、7 月和 10 月,1983 年 5 月、9 月和 10 月,1984 年 7 月、8 月和 10 月,1985 年 4 月、7 月和 10 月,进行胶州湾水体 Cu 的调查[3~16]。以 4 月、5 月和 6 月为春季,以 7 月、8 月和 9 月为夏季,以 10 月、11 月和 12 月为秋季。

21.2   垂 直 分 布

1982 年、1983 年、1984 年、1985 年,对胶州湾水体表层、底层中的 Cu 含量进行调查,展示了表层、底层 Cu 含量的变化范围及其垂直变化过程。

21.2.1   1982 年

1. 表底层变化范围

7 月和 10 月,在胶州湾的西南沿岸水域,在这些站位:083、084、122、123,来确定 Cu 含量在表层、底层的变化范围。

7 月,Cu 的表层含量较低(0.50~1.53μg/L)时,其对应的底层含量较低(0.23~1.46μg/L)。而且,Cu 的表层含量变化范围（0.50~1.53μg/L）大于底层的含量变化范围（0.23~1.46μg/L),变化量基本一样。因此,Cu 的表层含量低的,对应的底层含量还是低。

10 月,Cu 的表层含量较高(2.22~3.56μg/L)时,其对应的底层含量较高(1.56~3.22μg/L)。而且,Cu 的表层含量变化范围（2.22~3.56μg/L）大于底层的含量变化范围（1.56~3.22μg/L),变化量基本一样。因此,Cu 的表层含量较高的,对应的底层含量就较高。

而且,Cu 的表层含量变化范围（0.50~3.56μg/L）大于底层的含量变化范围（0.23~3.22μg/L),变化量基本一样。因此,Cu 的表层含量低的,对应的底层含量就低;同样,Cu 的表层含量高的,对应的底层含量就高。

2. 表底层垂直变化

7 月和 10 月，在胶州湾西南沿岸水域，在这些站位：083、084、122 和 123，Cu 的表层、底层含量相减，其差为–0.96～1.78μg/L。这表明 Cu 的表层、底层含量都相近。

7 月，Cu 的表层、底层含量差为–0.96～1.30μg/L。在湾口近岸水域的 123 站位为正值，在湾口内西南部近岸水域的 122 站位为负值，在湾口内西南部水域的 084 站位为正值，2 个站为正值，1 个站为负值（表 21-1）。

10 月，Cu 的表层、底层含量差为–0.11～0.11μg/L。在湾口近岸水域的 123 站位为负值，在湾口内西南部近岸水域的 122 站位为正值，在湾口水域的 083 站位为正值，在湾口内西南部水域的 084 站位为负值，2 个站为正值，2 个站为负值（表 21-1）。

表 21-1　1982 年胶州湾的湾口水域 Cu 的表层、底层含量差

月份＼站位	122	084	123	083
7 月	负值	正值	正值	
10 月	正值	负值	负值	正值

21.2.2　1983 年

1. 表底层变化范围

5 月、9 月和 10 月，在胶州湾的湾口水域，在这些站位：H34、H35、H36、H37、H82，来确定 Cu 含量在表层、底层的变化范围。

5 月，表层含量很高（2.47～20.6μg/L）时，其对应的底层含量就很高（0.86～3.95μg/L）。而且，Cu 的表层含量变化范围（2.47～20.6μg/L）大于底层的含量变化范围（0.86～3.95μg/L），变化量基本一样。因此，Cu 的表层含量很高的，对应的底层含量就很高。

9 月，表层含量较高（1.28～4.86μg/L）时，其对应的底层含量就较高（1.31～1.90μg/L）。而且，Cu 的表层含量变化范围（1.28～4.86μg/L）大于底层的含量变化范围（1.31～1.90μg/L），变化量基本一样。因此，Cu 的表层含量高的，对应的底层含量就高。

10 月，表层含量较低（0.77～2.28μg/L）时，其对应的底层含量就较低（0.24～2.00μg/L）。而且，Cu 的表层含量变化范围（0.77～2.28μg/L）小于底层的含量变

化范围（0.24～2.00μg/L），变化量基本一样。因此，Cu 的表层含量较低的，对应的底层含量就较低。

而且，Cu 的表层含量变化范围（0.77～20.6μg/L）大于底层的含量变化范围（0.24～3.95μg/L），变化量基本一样。因此，Cu 的表层含量高的，对应的底层含量就高；同样，Cu 的表层含量低的，对应的底层含量就低。

2. 表底层垂直变化

5 月、9 月和 10 月，在这些站位：H34、H35、H36、H37、H82，Cu 的表层、底层含量相减，其差为–1.23～16.65μg/L。这表明 Cu 的表层、底层含量都相近。

5 月，Cu 的表层、底层含量差为–0.53～16.65μg/L。在湾口内西南部水域的 H36 站位为负值，在湾口水域和湾口内的东北部水域的 H35、H37 站位为正值。在湾外水域的 H34 为正值。只有在湾外水域的 H82 站位为正值。4 个站为正值，1 个站为负值（表 21-2）。

表 21-2　1983 年胶州湾的湾口水域 Cu 的表层、底层含量差

月份 / 站位	H36	H37	H35	H34	H82
5 月	负值	正值	正值	正值	正值
9 月	正值	负值	正值	正值	正值
10 月	负值	负值	正值	正值	正值

9 月，Cu 的表层、底层含量差为–1.50～2.53μg/L。在湾口内西南部水域和湾口水域的 H36、H35 站位为正值，湾口内的东北部水域的 H37 站位为负值，湾口外的东北部水域 H34 和湾口外的南部水域的 H82 站位都为正值。4 个站为正值，1 个站为负值（表 21-2）。

10 月，Cu 的表层、底层含量差为–1.23～1.74μg/L。湾口外的南部水域的 H82 站位为正值。湾口的湾口内水域的 H36、H37 站位为负值。在湾口水域的 H35 站位和湾口外的东北部水域 H34 站位都为正值。3 个站为正值，2 个站为负值（表 21-2）。

21.2.3　1984 年

1. 表底层变化范围

7 月和 10 月，在胶州湾的湾口水域，在这些站位：2031、2032、2033，来确定 Cu 含量在表层、底层的变化范围。

在胶州湾的湾口水域，7 月，表层含量较低（0.28～1.83μg/L）时，其对应的底层含量就较高（0.13～2.97μg/L），变化量基本一样。因此，Cu 的表层含量较低的，其对应的底层含量就较高。

10 月，表层含量达到较高（0.90～2.00μg/L）时，其对应的底层含量就较低（0.40～0.61μg/L），变化量基本一样。因此，Cu 的表层含量较高的，其对应的底层含量就较低。

而且，Cu 的表层含量变化范围（0.28～2.00μg/L）小于底层的含量变化范围（0.13～2.97μg/L），变化量基本一样。因此，Cu 的表层含量比较低的，其对应的底层含量比较高；同样，Cu 的表层含量比较高时，其对应的底层含量反而低。

2. 表底层垂直变化

7 月和 10 月，在这些站位：2031、2032、2033，Cu 的表层、底层含量相减，其差为–2.69～1.47μg/L。这表明 Cu 的表层、底层含量相近。

7 月，Cu 的表层、底层含量差为–2.69～1.47μg/L。在湾外水域的 2031 站位和在湾口内水域的 2033 站位都为正值，只有在湾口水域的 2032 站位为负值。2 个站为正值，1 个站为负值（表 21-3）。

10 月，Cu 的表层、底层含量差为 0.50～1.39μg/L。在湾口外水域的 2031 站位和湾口水域的 2032 站位为正值。2 个站为正值（表 21-3）。

表 21-3　1984 年胶州湾的湾口水域 Cu 的表层、底层含量差

月份 \ 站位	2033	2032	2031
7 月	正值	负值	正值
10 月		正值	正值

21.2.4　1985 年

1. 表底层变化范围

4 月、7 月和 10 月，在胶州湾的湾口水域，在这些站位：2031、2032、2033，来确定 Cu 含量在表层、底层的变化范围。

在胶州湾的湾口水域，4 月，表层含量较高（0.11～0.39μg/L）时，其对应的底层含量就很低（0.10～0.12μg/L），变化量基本一样。因此，Cu 的表层含量较高的，对应的底层含量就很低。

7 月，表层含量比较高（0.10～0.22μg/L）时，其对应的底层含量很高（0.19～

0.42μg/L），变化量基本一样。因此，Cu 的表层含量较高的，对应的底层含量就很高。

10 月，表层含量达到较高(0.18～0.39μg/L)时，其对应的底层含量较高(0.19～0.30μg/L)，变化量基本一样。因此，Cu 的表层含量较高的，对应的底层含量就较高。

而且，Cu 的表层含量变化范围（0.10～0.39μg/L）小于底层的含量变化范围（0.10～0.42μg/L），变化量基本一样。因此，Cu 的表层含量较高的，对应的底层含量就很低；Cu 的表层含量较高的，对应的底层含量就很高；Cu 的表层含量较高的，对应的底层含量就较高。这样，Cu 的表层含量较高的，对应的底层含量就出现了很低、较高的、很高。

2. 表底层垂直变化

4 月、7 月和 10 月，在这些站位：2031、2032、2033，Cu 的表层、底层含量相减，其差为–0.20～0.27μg/L。这表明 Cu 的表层、底层含量有相近，也有相差。

4 月，Cu 的表层、底层含量差为 0.00～0.27μg/L。在湾口内水域的 2033 站位为零值，在湾口水域的 2032 站位和在湾外水域的 2031 站位都为正值。2 个站为正值，1 个站为零值（表 21-4）。

7 月，Cu 的表层、底层含量差为–0.20～0.00μg/L。在湾口内水域的 2033 站位为零值，在湾口水域的 2032 站位和在湾外水域的 2031 站位都为负值。2 个站为负值，1 个站为零值（表 21-4）。

10 月，Cu 的表层、底层含量差为–0.03～0.09μg/L。在湾口内水域的 2033 站位为负值，在湾口水域的 2032 站位和在湾外水域的 2031 站位都为正值。2 个站为正值，1 个站为负值（表 21-4）。

表 21-4　1985 年胶州湾的湾口水域 Cu 的表层、底层含量差

月份 \ 站位	2033	2032	2031
4 月	零值	正值	正值
7 月	零值	负值	负值
10 月	负值	正值	正值

21.3　水域垂直迁移过程

21.3.1　来　源

1982～1985 年，在胶州湾水体中，胶州湾水域 Cu 含量有 5 个来源[1~16]，主

要来自外海海流的输送（0.39～20.60μg/L）、河流的输送（0.37～10.57μg/L）、近岸岛尖端的输送（0.77～4.86μg/L）、地表径流的输送（2.28～3.56μg/L）和船舶码头的输送（9.48μg/L）。

时间尺度上，在整个胶州湾水域，Cu 最初来自于自然界的产生，随着时间的变化，Cu 不仅来自于自然界的产生，同时也是由人类活动产生的，这样，在水体中的 Cu 含量增加到高峰值。然后，通过 Cu 在水域的沉降过程，从表层穿过水体，来到底层。于是，表层 Cu 含量降低到低谷值。

空间尺度上，向胶州湾水域输入的 Cu 含量是随着来源的入海口，从大到小变化，也就是随着与来源的入海口的距离大小而变化[3~16]。因此，在胶州湾水域，通过外海海流的输送、河流的输送、近岸岛尖端的输送、地表径流的输送和船舶码头的输送，将 Cu 输入胶州湾的水域。

这样，在水体效应的作用下[20~22]，Cu 含量在表层、底层发生了变化。因此，在胶州湾水域，通过外海海流的输送、河流的输送、近岸岛尖端的输送、地表径流的输送和船舶码头的输送，将 Cu 输入到胶州湾的水域，然后经过海流和潮汐的作用，表明了 Cu 含量水域垂直迁移过程。

21.3.2 垂直含量差和沉降量及累积量的模型

物质含量在水域的迁移过程中一直在发生变化。根据作者提出的物质含量的水域迁移趋势机制，确定了物质含量具有迅速的沉降及海底累积。那么，物质含量在表层、底层的水平变化和表层、底层的垂直变化如何定量化的描述，作者提出了水域的物质垂直含量差模型、水域的物质沉降量模型和水域的物质累积量模型，定量化地揭示了物质含量在表层、底层的水平变化和表层、底层的垂直变化以及变化过程。

作者提出物质在水域的垂直含量差、沉降量和累积量的概念及计算公式，也可成为水域的物质垂直含量差模型、水域的物质沉降量模型和水域的物质累积量模型。

假设物质含量的表层变化范围为 $a\sim b(a<b)$，物质含量的底层变化范围为 $c\sim d (c<d)$。

水域的物质垂直含量差模型：

表层、底层含量差的低值为 L，表层、底层含量差的高值为 H。

计算公式为：

$$L=a-c, H=b-d \tag{21-1}$$

表层、底层含量差的低值 L：表明物质含量的垂直变化在低值的变化。

表层、底层含量差的高值 H：表明物质含量的垂直变化在高值的变化。

水域的物质沉降量模型：

绝对沉降量为 Da，相对沉降量为 Dr。

计算公式为：

$$Da=b-a，\quad Dr=[(b-a)/b]\%\qquad (21\text{-}2)$$

绝对沉降量为 Da：表明表层物质含量的水平绝对变化，认为相差的物质含量向下沉降到水体的底部。

相对沉降量为 Dr：表明表层物质含量的水平相对变化，认为相差的物质含量向下沉降到水体的底部，那么相差的物质含量在整体物质含量所占的百分比比例。

水域的物质累积量模型：

绝对累积量为 Fa，相对累积量为 Fr。

计算公式为：

$$Fa=d-c，\quad Fr=[(d-c)/d]\%\qquad (21\text{-}3)$$

绝对累积量为 Fa：表明底层物质含量的水平绝对变化，认为相差的物质含量向下沉积到水体的底部，消失的这部分物质含量埋藏在床底。

相对累积量为 Fr：表明底层物质含量的水平相对变化，认为相差的物质含量向下沉积到水体的底部，消失的这部分物质含量埋藏在床底。那么相差的物质含量在整体物质含量所占的百分比比例。

21.3.3　水域的沉降量和累积量

1982~1985 年，胶州湾水体中，表层、底层 Cu 含量的低值变化范围的差为 0.00~0.46μg/L，表层、底层 Cu 含量的高值变化范围的差为-0.97~16.65μg/L，表层、底层 Cu 含量的变化范围的差为-0.97~16.65μg/L，正值不超过 16.65μg/L，负值不超过 0.97μg/L（表 21-5），这表明 Cu 含量的表层、底层变化量基本一样。而

表 21-5　胶州湾水域表层、底层 Cu 含量的变化范围

Cu 含量/（μg/L） 年份	1982 年	1983 年	1984 年	1985 年
表层的变化范围	0.50~3.56	0.77~20.6	0.28~2.00	0.10~0.39
底层的变化范围	0.23~3.22	0.24~3.95	0.13~2.97	0.10~0.42
表层、底层含量差	0.27~0.34	0.46~16.65	0.15~0.97	0.00~0.03
表层绝对变化差 即绝对沉降量	3.06	19.83	1.72	0.29
表层相对变化差 即相对沉降量	85.9%	96.2%	86.0%	74.3%
底层绝对变化差 即绝对累积量	2.99	3.71	2.84	0.32
底层相对变化差 即相对累积量	92.8%	93.9%	95.6%	76.1%

且 Cu 含量的表层含量高的，其对应的底层含量就高；同样，Cu 的表层含量比较低时，对应的底层含量就低。这展示了 Cu 含量沉降是迅速的，而且沉降是大量的，沉降量与含量的高低相一致。

如 1982 年，表层 Cu 含量高值为 3.56μg/L，底层 Cu 含量高值为 3.22μg/L，表层、底层含量相差 0.34μg/L；表层 Cu 含量低值为 0.50μg/L，底层 Cu 含量低值为 0.23μg/L，表层、底层含量相差 0.27μg/L，这证实了无论表层 Cu 含量高值或者低值，Cu 沉降是迅速的，保持了表层、底层含量的一致性。同时，也证实了当表层 Cu 含量高时，其沉降量就大；当表层 Cu 含量低时，其沉降量就小，始终使表层、底层 Cu 含量具有一致性，这样，沉降量与含量的高低相一致。表层 Cu 含量的变化范围展示了 Cu 的绝对沉降量和相对沉降量。

1982～1985 年，Cu 的绝对沉降量为 0.29～19.83μg/L，Cu 的相对沉降量为 74.3%～96.2%。1983 年，表层的 Cu 含量变化范围为 0.77～20.6μg/L，表层的 Cu 含量非常高，其相对沉降量为 96.2%。1985 年，表层的 Cu 含量变化范围为 0.10～0.39μg/L，表层的 Cu 含量非常低，其相对沉降量为 74.3%。这样，无论表层的 Cu 含量是多么的低或者表层的 Cu 含量是多么的高，Cu 含量的相对沉降量都为 74.3%～96.2%，这确定了 Cu 的相对沉降量是非常稳定的。1983 年，表层的 Cu 含量非常高，Cu 的相对沉降量很高，为 96.2%，这揭示了 Cu 的沉降是迅速的、彻底的。1985 年，表层的 Cu 含量非常低，Cu 的相对沉降量很低，为 79.2%，这确定了 Cu 的最低相对沉降量也是非常高的。这展示了 Cu 易沉降的特征。

1982～1985 年，Cu 含量的绝对累积量为 0.32～3.71μg/L，Cu 含量的相对累积量为 76.1%～95.6%。1983 年，底层的 Cu 含量变化范围为 0.24～3.95μg/L，底层的 Cu 含量非常高，其相对累积量为 93.9%。1985 年，底层的 Cu 含量变化范围为 0.10～0.42μg/L，底层的 Cu 含量非常低，其相对累积量为 76.1%。这样，无论底层的 Cu 含量是多么的高或者底层的 Cu 含量是多么的低，Cu 含量的相对累积量都为 76.1%～95.6%，这确定了 Cu 含量的相对累积量是非常稳定的。同样，在 1982～1985 年的四年中，有三年，即 1982 年、1983 年和 1984 年，Cu 的相对累积量都在 92.8%以上，这确定了 Cu 含量的相对累积量是非常稳定的，这揭示了 Cu 的积累是稳定的、完整的。在 1985 年，Cu 的相对沉降量的最低值为 76.1%，这说明了 Cu 含量的最低相对累积量也是非常高的。

21.3.4　水域迁移过程

在胶州湾水域，随着时间的变化，Cu 的表层、底层含量相减，其差也发生了变化，这个差值表明了 Cu 含量在表层、底层的变化，展示了水域垂直迁移过程。

1. 1982 年

7 月和 10 月，在胶州湾的西南沿岸水域，从时间变化的尺度来观察沉降。

在湾口内侧西南部近岸水域，7 月，表层的 Cu 含量小于底层的。到了 10 月，表层 Cu 的含量大于底层的。这表明了在 7 月，湾内来源提供了大量的 Cu，经过一段时间的沉降，在海底有大量的沉积，底层 Cu 含量就比较高。到了 10 月，在海底沉积的 Cu 逐渐消失，呈现了表层 Cu 含量大于底层的。因此，在湾口内侧西南部近岸水域，大量的 Cu 含量沉降，在海底累积。然后，底层的 Cu 逐渐消失。

在湾口内侧西南部水域，7 月，表层 Cu 含量大于底层的。到了 10 月，表层 Cu 含量小于底层的。这表明了 7 月，湾内来源提供了大量的 Cu 含量，表层 Cu 含量就比较高。到了 10 月，Cu 经过一段时间的沉降，在海底有大量的沉积，底层 Cu 含量就比较高。因此，在湾口内侧西南部水域，最初，来源提供了大量的 Cu，然后在此水域就出现了大量的 Cu 沉降。

在湾口近岸水域，7 月，表层 Cu 含量大于底层的。到了 10 月，表层 Cu 含量小于底层的。这表明了 7 月，湾内来源提供了大量的 Cu，表层 Cu 含量就比较高。到了 10 月，Cu 经过一段时间的沉降，在海底有大量的沉积，底层 Cu 含量就比较高。因此，在湾口近岸水域，最初，来源提供了大量的 Cu，然后在此水域就出现了大量的 Cu 沉降。

在湾口水域，7 月，表层 Cu 含量大于底层的。到了 10 月，表层 Cu 含量大于底层的。这表明了在 10 月，来源提供的 Cu 含量在此水域就比较高，而在湾口水域，海流的流速比较高，底层的 Cu 含量很低，这样，表层 Cu 含量就比较高。

其次再从空间变化的尺度来观察沉降。

7 月，在湾口内侧西南部水域和在湾口近岸水域，表层 Cu 含量大于底层的。在湾口内侧西南部近岸水域，表层 Cu 含量小于底层的。这展示了 Cu 含量来源于湾口水域，呈现了在表层大于底层的现象。经过沉降到达湾口内侧西南部水域，在此水域表层 Cu 含量都小于底层的。表明了 Cu 含量从湾口到湾口内侧西南部的沉降迁移过程。

10 月，在湾口内侧西南部水域和湾口近岸水域，表层 Cu 含量小于底层的。在湾口内侧西南部近岸水域和湾口水域，表层 Cu 含量大于底层的。表层 Cu 含量经过沉降到达湾口内侧西南部水域和湾口近岸水域，在此水域表层 Cu 含量都小于底层的。在湾口内侧西南部近岸水域和湾口水域，底层 Cu 含量在逐渐消失，表层 Cu 含量大于底层的。

2. 1983 年

5 月、9 月和 10 月，在胶州湾的湾口水域，从时间变化的尺度来观察沉降。

在湾口内侧西南部水域，5 月，表层 Cu 含量小于底层的。到了 9 月，表层 Cu 含量大于底层的。到了 10 月，表层 Cu 含量小于底层的。这表明了 5 月，有大量的 Cu 含量的沉降，底层 Cu 含量就比较高。到了 9 月，来源提供了大量的 Cu，表层 Cu 含量就比较高。到了 10 月，来源提供的 Cu 在减少，相对底层 Cu 含量就比较高。

在湾口内侧东北部水域，5 月，表层 Cu 含量大于底层的。9 月，表层 Cu 含量小于底层的。到了 10 月，表层 Cu 含量小于底层的。这表明了在 5 月，湾内来源提供了大量的 Cu 含量，表层 Cu 含量就比较高。9 月，Cu 含量经过一段时间的沉降，在海底大量沉积，底层 Cu 含量就比较高。到了 10 月，在海底仍有大量的 Cu 含量沉积，底层 Cu 含量就比较高。因此，在湾口内侧东北部水域，最初，来源提供了大量的 Cu，然后在此水域就出现了大量的 Cu 沉降。

在湾口水域和湾口外侧水域，5 月，表层 Cu 含量大于底层的。9 月，表层 Cu 含量大于底层的。到了 10 月，表层 Cu 含量依然大于底层的。这表明了在 5 月，湾内来源提供了 Cu，表层 Cu 含量较高。9 月，来源还是提供了 Cu，表层 Cu 含量就比较高。到了 10 月，来源还是提供了 Cu，表层 Cu 含量就比较高。因此，在湾口和湾口外侧水域，在一年中，在海底没有 Cu 的沉积，只有来源提供了表层 Cu 含量。

其次再从空间变化的尺度来观察沉降。

5 月，在湾口内侧的东北部水域、湾口水域和湾口外侧水域，表层 Cu 含量大于底层的。在湾口内侧西南部水域，表层 Cu 含量小于底层的。这展示了 Cu 含量来源于湾口内侧的东北部水域和湾外侧水域，从湾口内侧的东北部水域到湾口水域，再到湾口外水域，都呈现了在表层大于底层的。只有到了湾口内侧西南部水域，Cu 含量才出现了大量的沉降，表层 Cu 含量都小于底层的。这表明了 Cu 含量从湾口外侧到湾口再到湾口内侧西南部的沉降迁移过程。

9 月，在湾口内侧的西南部水域、湾口水域和湾口外侧水域，表层 Cu 含量大于底层的。在湾口内侧东北部水域，表层 Cu 含量小于底层的。这展示了 Cu 含量来源于湾口内侧的西南部水域和湾口外侧水域，从湾口内侧的西南部水域到湾口水域，再到湾口外侧水域，都呈现了表层大于底层的现象。只有到了湾口内侧东北部水域，Cu 含量才出现了大量的沉降，表层 Cu 含量都小于底层的。这表明了 Cu 含量从湾口外侧到湾口再到湾口内侧东北部的沉降迁移过程。

10 月，在湾口水域和湾口外侧水域，表层 Cu 含量大于底层。在湾口内水域，表层 Cu 含量小于底层的。这展示了 Cu 含量来源于湾口内侧水域和湾口外侧水域，从湾口水域到湾口外侧水域，都呈现了在表层大于底层的。只有在湾口内侧水域，Cu 含量才出现了大量的沉降，表层 Cu 含量都小于底层的。这表明了 Cu 含量从湾外到湾口再到湾内的沉降迁移过程。

3. 1984 年

7 月和 10 月，在胶州湾的湾口水域，从时间变化的尺度来观察沉降。

在湾口内侧水域，7 月，表层 Cu 含量大于底层。这表明了 7 月，湾内来源提供了 Cu，表层 Cu 含量较高。因此，在湾口内侧水域，在海底没有 Cu 的沉积，只有来源提供了表层 Cu 含量。

在湾口水域，7 月，表层 Cu 含量小于底层。到了 10 月，表层 Cu 含量大于底层的。这表明了 7 月，湾口内和湾口外的来源提供了 Cu，底层 Cu 含量较高。到了 10 月，湾口外来源还是提供了 Cu，表层 Cu 含量就比较高。因此，在湾口水域，由湾口内侧和湾口外侧的来源提供了 Cu，在湾口水域就出现了大量的 Cu 沉降。以后，只有湾口外的来源提供了 Cu 含量，在湾口水域没有 Cu 的沉降。

在湾口外侧水域，7 月，表层 Cu 含量大于底层。到了 10 月，表层 Cu 含量依然大于底层。这表明了 7 月，湾外来源提供了 Cu，表层 Cu 含量较高。到了 10 月，还是湾外来源提供了 Cu，表层 Cu 含量就比较高。因此，在湾口外侧水域，在一年中，在海底没有 Cu 含量的沉积，只有来源提供了表层 Cu 含量。

其次再从空间变化的尺度来观察沉降。

7 月，在湾口内侧水域和湾口外侧水域，表层 Cu 含量大于底层。在湾口水域，表层 Cu 含量小于底层。这展示了 Cu 含量来源于湾内水域和湾外水域，从湾口内侧水域到湾口水域，从湾口外侧水域到湾口水域，都呈现了在表层大于底层的。只有到了湾口水域，Cu 才出现了大量的沉降，表层 Cu 含量都小于底层的。这表明了 Cu 从湾内到湾口、从湾外到湾口的沉降迁移过程。

10 月，在湾口水域和湾口外侧水域，表层 Cu 含量大于底层的。这展示了 Cu 含量来源于湾外水域，从湾口外水域到湾口水域，都呈现了在表层大于底层的。这表明了 Cu 含量从湾外到湾口的输送迁移过程。

4. 1985 年

4 月、7 月和 10 月，在胶州湾的湾口水域，从时间变化的尺度来观察沉降。

在湾口内侧水域，4 月，表层 Cu 含量与底层的一致。7 月，表层 Cu 含量与底层的一致。到了 10 月，表层 Cu 含量小于底层。这表明了在 4 月，湾内来源没有提供 Cu，Cu 在此水域含量是比较均匀的。7 月，湾内来源依然没有提供 Cu，

Cu 在此水域的含量是比较均匀的。到了 10 月，湾内来源提供了 Cu，到了湾口内侧水域经过沉降，在海底累积。

在湾口水域，4 月，表层 Cu 含量大于底层。7 月，表层 Cu 含量小于底层。到了 10 月，表层 Cu 含量大于底层。这表明了在 4 月，湾内来源提供了 Cu，呈现了在表层大于底层的现象。7 月，湾内来源提供了 Cu，到了湾口水域经过沉降，在海底累积，呈现了在表层小于底层的。到了 10 月，湾外来源提供了 Cu，底层 Cu 在逐渐消失，呈现了表层 Cu 含量大于底层的。

在湾口外侧水域，4 月，表层 Cu 含量大于底层的。7 月，表层 Cu 含量小于底层的。到了 10 月，表层 Cu 含量大于底层的。这表明了在 4 月，湾外来源提供了 Cu，呈现了在表层大于底层的现象。7 月，湾外来源提供了 Cu，到了湾口外侧水域经过沉降，在海底累积，呈现了在表层小于底层的现象。到了 10 月，湾外来源提供了 Cu，而底层 Cu 含量在逐渐消失，呈现了表层 Cu 含量大于底层的现象。

其次再从空间变化的尺度来观察沉降。

4 月，在湾口内侧水域，表层 Cu 含量与底层的一致。在湾口水域和湾口外侧水域，表层 Cu 含量大于底层的。这展示了 Cu 含量来源于湾口外侧水域，在湾口水域和湾口外侧水域，都呈现了在表层大于底层的。而在湾口内侧水域，没有受到来源的影响，表层、底层 Cu 混合均匀。

7 月，在湾口内侧水域，表层 Cu 含量与底层的一致。在湾口水域和湾口外侧水域，表层 Cu 含量小于底层的。这展示了在湾口水域和湾口外侧水域，Cu 经过沉降，在海底累积，呈现了在表层小于底层的现象。而在湾口内侧水域，没有受到来源的影响，呈现了表层、底层 Cu 混合均匀的现象。

10 月，在湾口内侧水域，表层 Cu 含量小于底层的。在湾口水域和湾口外侧水域，表层 Cu 含量大于底层的。这展示了在湾口水域和湾口外侧水域，湾外来源提供了 Cu 含量，而底层 Cu 含量在逐渐消失，呈现了表层 Cu 含量大于底层的。而在湾口内侧水域，由于经过了长期的 Cu 含量缓慢沉降，在海底累积，呈现了在表层小于底层的。

21.3.5　水域迁移模型框图

1982～1985 年，在胶州湾水体中 Cu 的垂直分布，是由水域迁移过程所决定的，Cu 的水域迁移过程包括以下阶段：从来源把 Cu 输出到胶州湾水域、把 Cu 输入到胶州湾水域的表层、Cu 从表层沉降到底层、从胶州湾水域的底层把 Cu 输出到海底的沉积物、Cu 在沉积物中被掩埋。这可用模型框图来表示（图 21-2）。Cu 的水域迁移过程通过模型框图来确定，就能分析知道 Cu 经过的路径和留下的轨迹。对此，三个模型框图展示了：表层、底层 Cu 含量的变化决定它在水域迁移的过程。

图 21-2　Cu 含量的水域迁移过程模型框图

在胶州湾水体中 Cu 含量的垂直分布呈现了表层、底层 Cu 含量的变化，这样的变化过程分为 7 种状态。①来源提供大量的 Cu，这时，Cu 的表层含量大于底层的含量。②来源进一步提供大量的 Cu，这时，Cu 的表层含量依然大于底层的含量。③来源继续提供 Cu，可是 Cu 经过一段时间的沉降，在海底有大量的沉积，这时，Cu 的表层含量与底层的含量一致。④来源减少提供 Cu，可是 Cu 经过一段时间的沉降，在海底有大量的沉积，这时，Cu 的表层含量小于底层的含量。⑤来源已经停止提供 Cu，Cu 的表层含量已经没有了，由于 Cu 经过一段时间的沉降，在海底有大量的沉积，这时，Cu 的表层含量小于底层的含量。⑥来源已经停止提供 Cu，Cu 的表层含量已经没有了。在底层的 Cu 输出到海底的沉积物中，底层 Cu 也没有了，于是，Cu 的表层含量与底层的含量一致。⑦在海底有大量 Cu 在沉积物中，逐渐被掩埋。这样，Cu 在沉积物的表面也逐渐消失。于是，Cu 的表层含量与底层的含量都回归到没有来源的提供状态。这样，这 7 种状态的变化过程展示了 Cu 从来源输入到来源停止输入的一个循环过程。

在胶州湾水域，Cu 含量随着来源输送的含量高低和经过距离的远近变化进行迁移来影响表层、底层的 Cu 含量变化。因此，表层、底层的 Cu 含量变化揭示了 Cu 的水域迁移过程：Cu 的表底层的变化是由来源输送的含量高低和经过迁移距离的远近所决定的，如六六六、汞、铬、镉的迁移机制所展示的一样[23,24]。

21.3.6　水域垂直迁移的特征

1982～1985 年，表层、底层的 Cu 含量变化揭示了 Cu 的表层、底层含量具有一致性以及 Cu 含量具有高沉降，其沉降量的多少与含量的高低相一致。表层、底层 Cu 含量的变化范围展示了 Cu 含量经过了不断地沉降，在海底具有累积作用。Cu 含量的表层、底层垂直变化展示了 Cu 含量的表层、底层含量都相近，而且 Cu 具有迅速的沉降，并且具有海底的累积。说明经过不断地沉降后，Cu 在海底的累积作用是很重要的，导致了 Cu 含量在底层的增加是非常高的。当来源提供的 Cu 停止了，Cu 经过不断地沉降，Cu 的表层含量就逐渐消失。当 Cu 的表层含量没有了，Cu 的沉降也就停止了，Cu 的底层含量输出到海底的沉积物中，底层 Cu

也没有了。在海底有大量 Cu 在沉积物中，逐渐被掩埋，Cu 在沉积物的表面也就逐渐没有了。于是，Cu 的表层含量与底层的含量都回归到没有来源的提供状态。这些都是 Cu 含量水域迁移过程的特征。

21.4　结　　论

1982～1985 年，在胶州湾水域，通过外海海流的输送、河流的输送、近岸岛尖端的输送、地表径流的输送和船舶码头的输送，将 Cu 输入到胶州湾的水域，然后经过海流和潮汐的作用，表明了 Cu 的水域垂直迁移过程。

作者提出了水域的物质垂直含量差模型、水域的物质沉降量模型和水域的物质累积量模型，展示了物质在水域的垂直含量差、沉降量和累积量的概念及计算公式，定量化地揭示了物质含量在表层、底层的水平变化和表层、底层的垂直变化以及变化过程。

1982～1985 年，胶州湾水体中，表层、底层 Cu 含量的低值变化范围的差为 0.00～0.46μg/L，表层、底层 Cu 含量的高值变化范围的差为–0.97～16.65μg/L，表层、底层 Cu 含量变化范围的差为–0.97～16.65μg/L，正值不超过 16.65μg/L，负值不超过 0.97μg/L。这表明 Cu 含量的表层、底层变化量基本一样。而且 Cu 的表层含量高的，对应其底层含量就高；同样，Cu 的表层含量比较低时，对应的底层就低。这展示了 Cu 的沉降是迅速的，而且是大量的，沉降量与含量的高低相一致。

1982～1985 年，Cu 的绝对沉降量为 0.29～19.83μg/L，Cu 的相对沉降量为 74.3%～96.2%。无论表层的 Cu 含量是多么的低或者表层的 Cu 含量是多么的高，Cu 含量的相对沉降量都为 74.3%～96.2%，这确定了 Cu 含量的相对沉降量是非常稳定的。在 1983 年，表层的 Cu 含量非常高，Cu 含量的相对沉降量很高，为 96.2%，这揭示了 Cu 的沉降是迅速的、彻底的。1985 年，表层的 Cu 含量非常的低，Cu 含量的相对沉降量很低，为 79.2%，这确定了 Cu 含量的最低相对沉降量也是非常高的。这展示了 Cu 含量易沉降的特征。

1982～1985 年，Cu 的绝对累积量为 0.32～3.71μg/L，Cu 的相对累积量为 76.1%～95.6%。无论底层的 Cu 含量是多么的高或者底层的 Cu 含量是多么的低，Cu 含量的相对累积量为 76.1%～95.6%，这确定了 Cu 含量的相对累积量是非常稳定的。1982～1985 年的 4 年中，有 3 年，即 1982 年、1983 年和 1984 年，Cu 含量的相对累积量都在 92.8%以上，这确定了 Cu 含量的相对累积量是非常稳定的，这揭示了 Cu 含量的积累是稳定的、完整的。1985 年，Cu 含量的相对沉降量的最低值为 76.1%，这确定了 Cu 的最低相对累积量也是非常高的。这展示了 Cu 含量易累积和易沉积的特征。

1982～1985 年，在胶州湾水体中 Cu 含量的垂直分布，是由水域迁移过程所决定的，Cu 的水域迁移过程出现以下阶段：从来源把 Cu 含量输出到胶州湾水域、把 Cu 输入到胶州湾水域的表层、Cu 从表层沉降到底层、从胶州湾水域的底层把 Cu 输出到海底的沉积物、Cu 在沉积物中被掩埋。

在胶州湾水体中 Cu 含量的垂直分布呈现了表层、底层 Cu 含量的变化，这样的变化过程分为 7 种状态来进行阐明，展示了 Cu 含量从来源输入到来源停止输入的一个循环过程。在胶州湾水域，Cu 含量随着来源输送的含量高低和经过距离的远近变化进行迁移。表层、底层的 Cu 含量变化揭示了 Cu 的垂直迁移过程：Cu 含量的表底层的变化是由来源输送的含量高低和经过迁移距离的远近所决定的，如六六六、汞、铬、镉的迁移机制所展示的一样。

因此，Cu 含量的表层、底层变化量以及 Cu 含量的表层、底层垂直变化都充分展示了：Cu 具有迅速的沉降特性，而且沉降量的多少与含量的高低相一致。Cu 含量经过不断地沉降，在海底具有累积作用。当来源停止提供 Cu 时，Cu 的表层含量就逐渐消失，Cu 的沉降也就停止了，Cu 的底层含量就逐渐没有了，在整个水体中 Cu 就会消失得无影无踪。这些特征揭示了 Cu 的水域迁移过程。

参 考 文 献

[1] 杨东方, 苗振清. 海湾生态学(上册). 北京: 海洋出版社, 2010: 1-320.

[2] 杨东方, 高振会. 海湾生态学(下册). 北京: 海洋出版社, 2010: 1-330.

[3] Yang D F, Miao Z Q, Song W P, et al. Research on the sources of Cu in Jiaozhou Bay . Advanced Materials Research, 2015, 1092-1093: 1013-1016.

[4] Yang D F, Miao Z Q, Cui W L, et al. Input and transfer processes of Cu in bay waters. Advances in Intelligent Systems Research, 2015: 17-20.

[5] Yang D F, Wang F Y, Zhu S X, et al. A research on the vertical transfer process of Cu in Jiaozhou Bay. Advances in Engineering Research, 2015, 31: 1284-1287.

[6] Yang D F, Zhu S X, Wu Y J, et al. Aggregation, divergence and homogeneity of Cu in Marine bay bottom waters. Advances in Engineering Research, 2015, 31: 1288-1291.

[7] Yang D F, Wang F Y, Zhu S X, et al. Environmental conditions of Jiaozhou Bay in 1980. Materials Engineering and Information Technology Apllication, 2015: 554-557.

[8] Yang D F, Zhu S X, Zhao X L, et al. Environmental conditions of Jiaozhou Bay, 1981. Advances in Engineering Research, 2015, 40: 770-775.

[9] Yang D F, Zhu S X, Wang F Y, et al. The impact of marine current to Cu contents in Jiaozhou Bay . Advances in Computer Science Research, 2015: 1765-1769.

[10] Yang D F, Zhu S X, Wang F Y, et al. The good water quality on Cu in Jiaozhou Bay waters . Advances in Engineering Research, 2016, 60: 408-411.

[11] Yang D F, Zhu S X, Wang M, et al. Different sources and high sedimentation rate regions of Cu in Jiaozhou Bay. Advances in Engineering Research, 2016, 67: 1311-1314.

[12] Yang D F, Yang D F, Wang M, et al. Sedimentation process and high sedimentation rate position of Cu in Jiaozhou Bay. Advances in Engineering Research, 2016, Part G: 1917-1920.

[13] Yang D F, Yang D F, He H Z, et al. Background level of Cu in Jiaozhou Bay and open sea . Advances in Engineering Research, 2016, 84: 852-856.

[14] Yang D F, He H Z, Wang F Y, et al. High Cu sedimentation locations in Jiaozhou Bay . Advances in Materials Science, Energy Technology and Environmental Engineering, 2017: 291-294.

[15] Yang D F, Zhu S X, Yang D F, et al. Vertical distribution of Cu in waters in the bay mouth of Jiaozhou Bay. Computer Life, 2016, 4(6): 579-584.

[16] Yang D F, Yang D F, Tao X Z, et al. Natural background value of Cu in Jiaozhou Bay. World Scientific Research Journal, 2016, 2(2): 69-73.

[17] Yang D F, Chen Y, Gao Z H, et al. Silicon limitation on primary production and its destiny in Jiaozhou Bay, China Ⅳ transect offshore the coast with estuaries . Chin J Oceanol Limnol, 2005, 23(1): 72-90.

[18] 杨东方, 王凡, 高振会, 等. 胶州湾浮游藻类生态现象. 海洋科学, 2004, 28(6): 71-74.

[19] 国家海洋局. 海洋监测规范. 北京: 海洋出版社, 1991.

[20] Yang D F, Wang F Y, He H Z, et al. Vertical water body effect of benzene hexachloride. Proceedings of the 2015 international symposium on computers and informatics, 2015: 2655-2660.

[21] Yang D F, Wang F Y, Zhao X L, et al. Horizontal waterbody effect of hexachlorocyclohexane . Sustainable Energy and Enviroment Protection, 2015: 191-195.

[22] Yang D F, Wang F Y, Yang X Q, et al. Water's effect of benzene hexachloride. Advances in Computer Science Research, 2015, 2352: 198-204.

[23] 杨东方, 苗振清, 徐焕志, 等. 有机农药六六六对胶州海域水质的影响——水域迁移过程. 海洋开发与管理, 2013, 30(1): 46-50.

[24] Yang D F, Wang F Y, Zhu S X, et al. Aquatic transfer mechanism of Hg in Jiaozhou Bay. Applied Mechanics and Materials, 2014, 651-653: 1415-1418.

第22章 胶州湾水域铜迁移的规律
和过程及形成的理论

22.1 背 景

22.1.1 胶州湾自然环境

胶州湾位于山东半岛南部，其地理位置为东经 120°04′～120°23′，北纬 35°58′～36°18′，以团岛与薛家岛连线为界，与黄海相通，面积约为 446km²，平均水深约 7m，是一个典型的半封闭型海湾（图 22-1）。胶州湾入海的河流有十几条，其中径流量和含沙量较大的为大沽河和洋河，青岛市区的海泊河、李村河和娄山河等河流，这些河流均属季节性河流，河水水文特征有明显的季节性变化[17,18]。

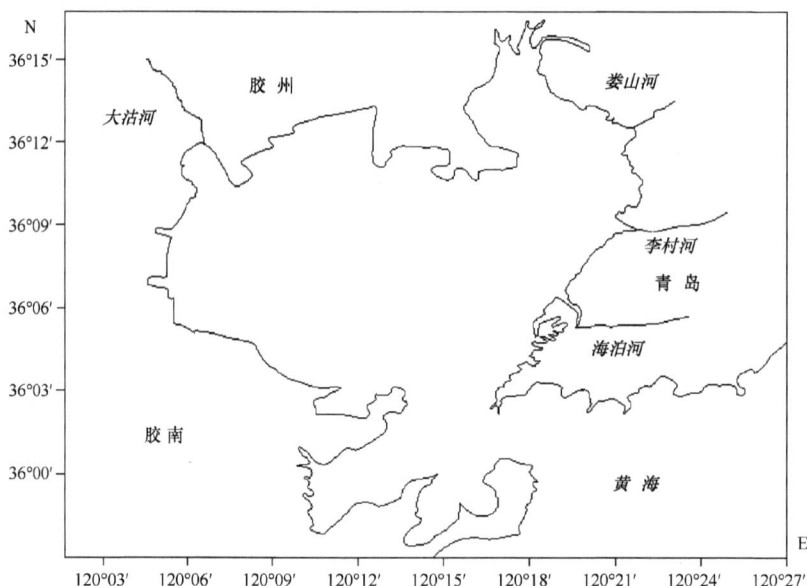

图 22-1 胶州湾地理位置

22.1.2 数据来源与方法

本研究所使用的调查数据由国家海洋局北海监测中心提供。胶州湾水体 Cu 的调查[1~16]按照国家标准方法进行,该方法被收录在国家的《海洋监测规范》(1991 年)中[19]。

1982 年 4 月、6 月、7 月和 10 月,1983 年 5 月、9 月和 10 月,1984 年 7 月、8 月和 10 月,1985 年 4 月、7 月和 10 月,进行胶州湾水体 Cu 的调查[3~16]。以 4 月、5 月和 6 月为春季,以 7 月、8 月和 9 月为夏季,以 10 月、11 月和 12 月为秋季。

22.2 研 究 结 果

22.2.1 1982 年研究结果

根据 1982 年的胶州湾水域调查资料,分析重金属铜在胶州湾水域的含量现状和水平分布。研究结果表明:在整个胶州湾水域,一年中铜含量都达到了国家二类海水的水质标准。这表明水质受到铜的轻微污染。在胶州湾水域有两个来源:地表径流的输入和外海海流的输入。在近岸水域,输入的铜含量为 2.22～3.56μg/L;在胶州湾的湾口水域,输入的铜含量为 0.15～5.31μg/L。外海海流输送的铜含量比地表径流输送的铜含量高。

通过 1982 年 6 月和 7 月的胶州湾水域 Cu 含量的水平变化,研究结果表明:向胶州湾输送 Cu 的唯一来源是外海海流输送。在胶州湾的湾内水域,6 月和 7 月,外海海流输送的 Cu 含量是不同的,外海海流输送的路径在湾内经过的水域是不同的。根据物质含量的水平损失速度模型计算得到,在胶州湾的湾内水域,6 月和 7 月,Cu 含量的水平绝对损失速度值和 Cu 含量的水平相对损失速度值。6 月和 7 月,外海海流输送的距离比较接近。当来源输送的物质含量比较高时,Cu 的水平绝对损失速度值就比较高,Cu 的水平相对损失速度值就比较低;来源输送的物质含量比较低时,Cu 的水平绝对损失速度值就比较低,Cu 的水平相对损失速度值就比较高。

根据 1982 年的胶州湾水域调查资料,分析铜在胶州湾水域的垂直分布和季节变化。研究结果表明:在胶州湾西南沿岸水域的表层水体中,铜含量从夏季开始上升到秋季的高值。铜含量的变化主要由雨量的变化来确定,且铜含量较低。空间尺度上,6 月的表层水体中铜水平分布与 7 月和 10 月的铜垂直分布,都证实了这样的迁移过程:在重力和水流的作用下,铜不断地沉降到海底。因此,在表层水体中铜含量随着远离来源在不断下降，同样，在表层水体中铜含量随着来源含量的减少在不断下降。

22.2.2　1983 年研究结果

根据 1983 年 5 月、9 月和 10 月胶州湾水域调查资料，研究了胶州湾水域 Cu 的含量大小、表层水平分布。结果表明：Cu 在胶州湾水体中的含量范围为 0.77～20.60μg/L，有些水域已经超过国家三类海水的水质标准，在胶州湾整个水域，水质受到重度污染。胶州湾水域 Cu 有 5 个来源，主要是外海海流的输送、河流的输送、船舶码头的输送、近岸岛尖端的输送和地表径流的输送。而且外海海流受到 Cu 的重度污染，河流受到 Cu 的中度污染，船舶码头受到 Cu 的轻度污染，近岸岛尖端和地表径流没有受到 Cu 的污染。因此，外海海流给胶州湾水体带来了大量的 Cu，需要特别关注海洋受到了 Cu 的重度污染。

根据 1983 年的胶州湾水域调查资料，研究 Cu 在胶州湾的湾口底层水域的含量现状和水平分布。结果表明：5 月、9 月和 10 月，在胶州湾的湾口底层水域，Cu 含量的变化范围为 0.24～3.95μg/L，都符合国家一类海水的水质标准（5.00μg/L）。这揭示了 Cu 在垂直水体的效应作用下，水质没有受到任何污染。在胶州湾的湾口水域，5 月、9 月和 10 月，在水体中的底层都出现了湾内 Cu 含量的高值区和湾外 Cu 含量的低值区，表明了水体运动具有将 Cu 含量聚集和发散的过程。外海海流给胶州湾水体带来了大量的 Cu，经过了垂直水体的效应作用，呈现了在胶州湾的湾口内底层水域 Cu 的高含量。

根据 1983 年的胶州湾水域调查资料，研究在胶州湾的湾口表层、底层水域，表层、底层 Cu 含量的季节分布、水平分布趋势、变化范围、垂直变化以及海洋具有均匀性。结果表明：在胶州湾湾口水域，Cu 含量经过了垂直水体的效应作用，发生了变化。Cu 的表层含量由低到高的季节变化为：秋季、夏季、春季，水体中底层的 Cu 含量由低到高的季节变化为：夏季、秋季、春季。在胶州湾的湾口水域，5 月、9 月和 10 月，揭示了以下规律：空间尺度上，Cu 在输送的作用下，表层、底层的水平分布呈现 Cu 的空间沉降过程。变化尺度上，Cu 含量在表层、底层的变化量范围基本一样。垂直尺度上，当 Cu 含量低时，Cu 含量在表层、底层保持了相近；当 Cu 含量高时，Cu 含量在表层、底层相差很大。区域尺度上，从湾外水域到湾口水域呈现了表层的 Cu 含量大于底层的，在湾口内东北部水域或者西南部水域或者东北部水域和西南部水域表层的 Cu 含量小于底层的。因此，Cu 含量的垂直分布和季节变化展示了水平水体的效应作用和垂直水体的效应作用，也揭示了 Cu 含量的水平迁移过程和垂直沉降过程以及海洋具有的均匀性。

22.2.3 1984 年研究结果

根据 1984 年 7 月、8 月和 10 月胶州湾水域调查资料，研究了胶州湾水域 Cu 的含量大小、表层水平分布。结果表明：Cu 在胶州湾水体中的含量范围为 0.11～4.00μg/L，都符合国家一类海水的水质标准（5.00μg/L），在胶州湾的整个水域，水质清洁，完全没有受到 Cu 的任何污染。胶州湾水域 Cu 有两个来源，主要来自河流的输送和外海海流的输送。来自河流输送的 Cu 含量为 1.88～4.00μg/L，来自外海海流输送的 Cu 含量为 2.00μg/L。因此，胶州湾及周围的河流和地表都没有受到 Cu 含量的污染。由此认为，人类在开发环境资源时，需要保护在 Cu 含量方面的干净水域。

根据 1984 年的胶州湾水域调查资料，研究 Cu 在胶州湾的湾口底层水域的含量现状和水平分布。结果表明：7 月和 10 月，在胶州湾的湾口底层水域，Cu 含量的变化范围为 0.13～2.97μg/L，符合国家一类海水的水质标准。这揭示了：Cu 经过垂直水体的效应作用，水质清洁，没有受到任何 Cu 污染。在胶州湾的湾口水域，7 月和 10 月，由于表层水体 Cu 含量的来源不同，造成了 Cu 含量的高沉降率在不同的地方出现。7 月，胶州湾水体中较高 Cu 含量来自河流的输送，表层水体中高 Cu 含量的高沉降率出现在湾口水域。10 月，胶州湾水体中较高 Cu 含量来自外海海流的输送，表层水体中低 Cu 含量的高沉降率出现在湾口外侧。因此，给胶州湾输送的 Cu 的来源不同，经过了垂直水体的效应作用，在胶州湾的湾口底层水域的不同地方呈现了 Cu 的高含量区。

根据 1984 年的胶州湾水域调查资料，研究在胶州湾的湾口表层、底层水域 Cu 的垂直分布及季节变化，确定了表层、底层 Cu 含量的季节分布、水平分布趋势、变化范围以及垂直迁移过程。结果表明：在胶州湾湾口水域，表层、底层 Cu 含量的季节变化是一致的，Cu 含量由高到低的季节变化为：夏季、秋季。在胶州湾的湾口水域，7 月和 10 月，揭示了以下规律：空间尺度上，随着水体表层中 Cu 含量的高低值不同，Cu 含量在表层、底层的水平分布趋势是否一致，展示了 Cu 含量的空间沉降过程。变化尺度上，Cu 含量在表层、底层的变化量范围基本一样。然而，Cu 受到了生物的吸收和颗粒的吸附，而没有迅速地沉降到海底，导致了 Cu 含量在表层、底层含量变化上具有不一致性。区域尺度上，给胶州湾输送的 Cu 的来源不同决定了表层 Cu 的沉降地方不同。

22.2.4 1985 年研究结果

根据 1985 年 4 月、7 月和 10 月胶州湾水域调查资料，研究了胶州湾水域 Cu

的含量大小、表层水平分布。结果表明：Cu 在胶州湾水体中的含量范围为 0.10～0.43μg/L，符合国家一类海水的水质标准，在胶州湾整个水域，水质清洁，完全没有受到 Cu 的任何污染。胶州湾水域 Cu 有两个来源，主要是河流的输送（0.37～0.43μg/L）和外海海流的输送（0.39μg/L）。河流和外海海流都没有受到任何 Cu 的污染。河流向海洋输送的 Cu 含量，对于海洋所具有的 Cu 有很大的影响。海洋水体中的 Cu 含量的基础本底值是 0.39μg/L。胶州湾水体中的 Cu 含量的基础本底值是 0.10～0.22μg/L。作者认为，Cu 在海洋水体中是固有存在的。

根据 1985 年的胶州湾水域的调查资料，研究 Cu 在胶州湾的湾口底层水域的含量现状和水平分布。结果表明：4 月、7 月和 10 月，在胶州湾的湾口底层水域，Cu 含量的变化范围为 0.10～0.42μg/L，符合国家一类海水的水质标准。这揭示了：Cu 经过垂直水体的效应作用，水质没有受到任何 Cu 污染。在胶州湾的湾口水域，4 月、7 月和 10 月，由于表层水体 Cu 含量的来源不同，造成了 Cu 含量的高沉降在不同的地方。4 月和 10 月，表层水体中 Cu 来自外海海流，Cu 的高沉降出现在湾口外侧。7 月，表层水体中 Cu 来自河流，Cu 的高沉降出现在湾口水域。因此，经过了垂直水体的效应作用，在胶州湾的湾口底层水域的不同地方呈现了 Cu 的高含量区。

根据 1985 年的胶州湾水域调查资料，研究在胶州湾的湾口表层、底层水域 Cu 的垂直分布及季节变化，确定了表层、底层 Cu 含量的季节分布、水平分布趋势、变化范围及垂直变化。结果表明：在胶州湾湾口水域，Cu 的表层含量由低到高的季节变化为：夏季、秋季、春季，Cu 的底层含量由低到高的季节变化为：春季、秋季、夏季，表层、底层的 Cu 含量在季节变化上是不一致的。在胶州湾的湾口水域，4 月、7 月和 10 月，揭示了以下规律：空间尺度上，无论 Cu 含量高或者低，Cu 在表层、底层的含量水平分布趋势是一致的，Cu 的输送来源不同决定了表层、底层的水平分布具有不同的变化趋势。变化尺度上，Cu 在表层、底层的含量变化量范围基本一样。垂直尺度上，Cu 含量低或者高时，Cu 几乎没有损失，在表层、底层 Cu 含量具有一致性。Cu 含量的垂直分布规律证实了作者提出的 Cu 含量的垂直沉降过程：在重力和水流的作用下，Cu 都迅速地沉降到海底。

根据 1985 年 4 月、7 月和 10 月胶州湾水域调查资料，研究了胶州湾水域 Cu 含量的表层水平分布。结果表明：4 月、7 月和 10 月，胶州湾水域 Cu 有两个来源，主要是河流的输送和外海海流的输送。将胶州湾水域分为两个水体：在一个水体中，当有 Cu 的输入时，在水体中就出现了 Cu 的分布是不均匀的；在一个水体中，当没有 Cu 的输入时，在水体中就出现了 Cu 的分布是均匀的。随着时间的变化，水体中 Cu 含量经历了由不均匀到均匀的变化过程。这揭示了在海洋中的潮汐、海流的作用下，使海洋具有均匀性的特征。因此，作者提出了"物质在水体中的均匀性变化过程"。

根据 1985 年的胶州湾水域调查资料，研究胶州湾的湾口表层、底层水域 Cu 的垂直变化，确定了表层、底层 Cu 含量的时空变化沉降过程。结果表明：在胶州湾湾口水域，时间尺度上，Cu 在沉降过程中，出现 4 种状态：①来源没有提供 Cu；②来源提供大量的 Cu；③来源提供的 Cu 在大幅度减少；④来源提供了 Cu，可是 Cu 在沉积物的表面逐渐消失了。空间尺度上，在胶州湾的湾口水域，没有受到来源影响的水域，呈现了表层、底层 Cu 的混合均匀。来源提供的 Cu 影响的水域，都呈现了在表层大于底层的现象。经过一段时间，此水域都呈现了在表层小于底层的现象。根据 Cu 含量的时空变化沉降过程，作者提出 Cu 含量的时空变化沉降规律：Cu 含量的表底层的变化是由来源输送的含量高低和经过迁移距离的远近所决定的。因此，表层、底层的 Cu 含量变化揭示了 Cu 的水域迁移过程。

22.2.5　1986 年研究结果

根据 1986 年 4 月胶州湾水域调查资料，研究了胶州湾水域 Cu 的含量大小、表层水平分布。结果表明：Cu 在胶州湾水体中的含量范围为 0.18~0.77μg/L，符合国家一类海水的水质标准，在胶州湾整个水域，水质清洁，完全没有受到 Cu 的任何污染。胶州湾水域 Cu 有一个来源，来自近岸岛尖端的输送（0.77μg/L）。近岸岛尖端没有受到任何 Cu 含量的污染。在胶州湾的湾内水体中的 Cu 含量的基础本底值是 0.18~0.22μg/L，在胶州湾的湾外水体中的 Cu 含量的基础本底值是 0.23μg/L。作者认为，Cu 含量在海湾水体中是固有存在的。

22.3　产生消亡过程

22.3.1　含量的年份变化

根据 1982~1986 年的胶州湾水域调查资料，研究 Cu 在胶州湾水域的含量大小、年份变化和季节变化。结果表明：1982~1986 年，在早期的春季胶州湾受到 Cu 的重度污染，而到了晚期，春季胶州湾没有受到 Cu 的任何污染；在夏季、秋季，1982~1986 年，一直保持着胶州湾没有受到 Cu 的任何污染。尤其 10 月，1982~1986 年，胶州湾水体中 Cu 含量在逐年减少，在 Cu 含量方面，水质非常清洁。在胶州湾水体中的 Cu 含量在春季很高，夏季较高，秋季较低。在胶州湾水体中 Cu 含量逐年在减少，而且，在 Cu 含量方面，从水体的重度污染转变为非常清洁，从人类活动输送的 Cu 转变为自然界输送。因此，1982~1986 年，胶州湾受到 Cu

的污染在减少，水质在变好。向胶州湾排放的 Cu 含量在减少，使得胶州湾水域的 Cu 含量也在逐渐减少。

22.3.2 来源变化过程

根据 1982～1986 年的胶州湾水域调查资料，分析 Cu 在胶州湾水域的水平分布和来源变化。确定了胶州湾水域 Cu 含量来源的位置、范围及变化过程。研究结果表明：1982～1986 年，在胶州湾水体中，胶州湾水域 Cu 含量有 5 个来源，主要是外海海流的输送（0.39～20.60μg/L）、河流的输送（0.37～10.57μg/L）、近岸岛尖端的输送（0.77～4.86μg/L）、地表径流的输送（2.28～3.56μg/L）和船舶码头的输送（9.48μg/L）。这 5 种途径给胶州湾整个水域带来了 Cu，其 Cu 含量的变化范围为 0.37～20.60μg/L。随着时间的变化，环境领域 Cu 含量在不断地减少。人类活动所产生的 Cu 含量对环境的影响越来越小，而且对环境影响的输送途径也在减少。

22.3.3 从来源到水域的迁移过程

根据 1982～1986 年的胶州湾水域调查资料，分析在胶州湾水域 Cu 含量的季节变化和来源变化。研究结果表明：春季、夏季、秋季的季节变化过程中，水体中 Cu 含量的大小都是依赖 Cu 含量来源的输入量大小。胶州湾水域 Cu 含量有 5 个来源，主要是外海海流的输送（0.39～20.60μg/L）、河流的输送（0.37～10.57μg/L）、近岸岛尖端的输送（0.77～4.86μg/L）、地表径流的输送（2.28～3.56μg/L）和船舶码头的输送（9.48μg/L）。因此，水体中 Cu 含量的季节变化就是由 5 个 Cu 含量来源决定的。1982～1986 年，在胶州湾水体中 Cu 含量的季节变化，是由陆地迁移过程和海洋迁移过程所决定的。作者提出各种模型框图，展示了 Cu 含量的陆地迁移过程和海洋迁移过程，确定 Cu 含量经过的路径和留下的轨迹。揭示陆地的 Cu 含量和海洋的 Cu 含量是由自然界的存在量和人类活动的排放量来决定的。

22.3.4 沉 降 过 程

根据 1982～1985 年的胶州湾水域调查资料，分析在胶州湾水域 Cu 含量的底层含量变化和底层分布变化。研究结果表明：在胶州湾的底层水体中，底层分布具有以下特征：1982～1985 年，4～10 月（缺少 6 月和 8 月），在胶州湾水体中的底层 Cu 含量变化范围为 0.10～3.95μg/L，符合国家一类海水的水质标准。这表明在 Cu 含量方面，4～10 月（缺少 6 月和 8 月），在胶州湾的底层水域，水质清洁，完全没有受到 Cu 的任何污染。而且在 10 月，1982～1985 年，随着时间变化，Cu 含量在大幅度减少。7 月，1982～1985 年，随着时间变化，Cu 含量在减少。1982～1985 年，向胶州湾输送 Cu 含量的各种来源展示了 Cu 含量在迅速地沉降，在底层也有累积的过程。并且决定了 Cu 的高沉降区域。因此，1982～1985 年，在时间和空间尺度上，输送 Cu 来源、表层输送 Cu、Cu 的高沉降区域、高沉降区域的 Cu 含量展示了 Cu 的沉降过程。

22.3.5　水域迁移趋势过程

根据 1982～1985 年的胶州湾水域调查资料，研究表层、底层 Cu 含量的水平分布趋势，表层、底层 Cu 含量的水平分布趋势，展示了 Cu 含量的水域迁移趋势过程。1982～1985 年，通过物质含量的表层水平分布趋势与底层水平分布趋势，作者提出了物质含量的水域迁移趋势机制，充分表明了时空变化的物质含量迁移趋势。强有力地确定了在时间和空间的变化过程中，表层的物质含量变化趋势、底层的物质含量变化趋势及物质含量高沉降地方。并且作者建立了物质含量的高沉降地方模型，借助于有 n 个物质含量输送来源，确定输送的物质含量的高沉降地方。并且提出了物质含量的高沉降地方模型框图，说明了物质含量经过的路径和留下的轨迹，预测了表层、底层的物质含量水平分布趋势。

22.3.6　水域垂直迁移过程

根据 1982～1985 年的胶州湾水域调查资料，研究在胶州湾水域表层、底层 Cu 含量的变化及其 Cu 含量的垂直分布。结果表明，1982～1985 年，胶州湾水体中，表层、底层 Cu 含量的变化范围的差，正值不超过 16.65μg/L，负值不超过 0.97μg/L，这表明 Cu 含量的表层、底层变化量基本一样。而且 Cu 的表层含量高的，对应其底层含量就高；同样，Cu 的表层含量比较低时，对应的底层含量就低。这展示了 Cu 沉降是迅速的，而且沉降是大量的，沉降量与含量的高低相一致。作者提出了水域的物质垂直含量差模型、水域的物质沉降量模型和水域的物质累积量模型，展示了物质在水域的垂直含量差、沉降量和累积量的概念及计算公式，定量化地揭示了物质含量在表层、底层的水平变化和表层、底层的垂直变化以及变化过程。通过该模型计算得到，Cu 的绝对沉降量为 0.29～19.83μg/L，Cu 的相对沉降量为 74.3%～96.2%；Cu 含量的绝对累积量为 0.32～3.71μg/L，Cu 的相对累积量为 76.1%～95.6%。随着时间变化，Cu 的相对沉降量和相对累积量都是非常稳定的、非常高的。Cu 的相对沉降量揭示了 Cu 的沉降是迅速的、彻底的，具有易沉降的特征。Cu 的相对累积量揭示了 Cu 的积累是稳定的、完整的，具有易累积和易沉积的特征。作者确定了 Cu 含量的表底层的变化是由输送的含量高低和经过迁移距离的远近所决定的，并且提出了 Cu 含量的水域迁移过程中出现的 4 个阶段和 7 种状态。因此，Cu 含量的表层、底层变化量以及 Cu 含量的表层、底层垂直变化都充分展示了：Cu 含量具有迅速的沉降，而且沉降量的多少与含量的高低相一致；Cu 含量经过了不断地沉降，在海底具有累积作用；如果来源停止提供 Cu 含量，在整个水体中 Cu 含量就会消失得无影无踪。这些特征揭示了 Cu 的水域垂直迁移过程。

22.4 迁 移 规 律

22.4.1 空 间 迁 移

1982～1986 年对胶州湾海域水体中 Cu 含量的调查分析[3~17]，展示了每年的研究结果具有以下规律。

（1）胶州湾水域中的 Cu，主要来源于外海海流的输送、河流的输送、近岸岛尖端的输送、地表径流的输送和船舶码头的输送。

（2）在一年中，水体中 Cu 含量经历了由均匀到不均匀的变化过程，再由不均匀到均匀的变化过程。

（3）陆地的 Cu 含量和海洋的 Cu 含量是由自然界的存在量和人类活动的排放量来决定的。

（4）随着时间的变化，环境领域 Cu 含量在不断地降低。

（5）Cu 含量在表层、底层的变化量范围基本一样，Cu 含量在表层、底层的变化保持了一致性。

（6）Cu 含量在表层、底层保持了相近，在表层、底层 Cu 含量具有一致性。

（7）在时空变化过程中，来源输送的 Cu 含量，都是从表层穿过水体，来到底层。

（8）表层水体 Cu 的来源不同，经过了垂直水体的效应作用，就造成了 Cu 含量的高沉降在不同的地方。

（9）表层水体中 Cu 含量随着远离来源在不断地下降，同样，在表层水体中 Cu 含量随着来源含量的减少在不断地下降。

（10）胶州湾水体中 Cu 含量的季节变化，是由陆地迁移过程和海洋迁移过程所决定的。

（11）海洋具有均匀性，即使在偏僻的浅水海湾，只要海水能够到达的，也要将 Cu 含量带到。

（12）随着时间的变化，输送的 Cu 在逐渐减少，输送的 Cu 的来源也在逐渐减少，让海底留下 Cu 含量的高沉降区域在逐渐减少，高沉降区域的 Cu 的含量也在逐渐减少。

（13）Cu 具有迅速的沉降，而且沉降量的多少与含量的高低相一致。

（14）Cu 经过了不断地沉降，在海底具有累积作用。

（15）Cu 含量展示了 Cu 出现、消失、又出现、又消失的反复循环的过程。

（16）从表层 Cu 含量开始沉降到停止沉降的变化中，Cu 含量具有迅速的沉降，同时还具有海底的累积，并且 Cu 含量在表层就可以消失，在底层也可以消失。

（17）随着时间变化，Cu 的相对沉降量和相对累积量都是非常稳定的、非常高的。

（18）Cu 的沉降是迅速的、彻底的，具有易沉降的特征。

（19）Cu 的积累是稳定的、完整的，具有易累积和易沉积的特征。

（20）Cu 含量的表底层的变化是由来源输送的 Cu 含量高低和经过迁移距离的远近所决定的。

（21）如果来源停止提供 Cu 含量，在整个水体中 Cu 含量就会消失得无影无踪。

（22）Cu 在海洋水体中是固有存在的。

因此，随着空间的变化，以上研究结果揭示了水体中 Cu 含量的迁移规律。

22.4.2　时间迁移

1982～1986 年对胶州湾海域水体中 Cu 含量的调查分析[3~16]，展示了 5 年期间的研究结果：1982～1986 年，在早期的春季胶州湾受到 Cu 的重度污染，而到了晚期，春季胶州湾没有受到 Cu 的任何污染；在夏季、秋季，1982～1986 年，一直保持着胶州湾没有受到 Cu 的任何污染。在胶州湾水体中的 Cu 含量在春季很高，夏季较高，秋季较低。在胶州湾水体中 Cu 含量逐年在减少，而且，在 Cu 含量方面，从水体的重度污染转变为非常清洁，从人类活动输送的 Cu 含量转变为自然界输送。随着时间的变化，环境领域 Cu 含量在不断减少。人类活动所产生的 Cu 对环境的影响越来越小，而且对环境影响的输送途径也在减少。胶州湾水体中 Cu 含量的季节变化，是由陆地迁移过程和海洋迁移过程所决定的。陆地的 Cu 含量和海洋的 Cu 含量是由自然界的存在量和人类活动的排放量来决定的。通过 Cu 的沉降过程，揭示了：随着时间的变化，Cu 含量在减少。1982～1985 年，向胶州湾输送 Cu 的各种来源展示了 Cu 在迅速地沉降，在底层具有累积的过程。并且决定了 Cu 含量的高沉降区域。1982～1985 年，通过物质含量的表层水平分布趋势与底层水平分布趋势，作者提出了物质含量的水域迁移趋势机制，充分表明了时空变化的物质含量迁移趋势。强有力地确定了在时间和空间的变化过程中，表层的物质含量变化趋势、底层的物质含量变化趋势及物质含量高沉降地方。并且作者建立了物质含量的高沉降地方模型，借助于有 n 个物质含量输送来源，确定输送的物质含量的高沉降地方。并且提出了物质含量的高沉降地方模型框图，说明了物质含量经过的路径和留下的轨迹，预测了表层、底层的物质含量水平分布趋势。通过 Cu 的垂直迁移过程，揭示了 Cu 具有迅速沉降的特点，而且沉降量的多少与含量的高低相一致；Cu 含量经过不断地沉降，在海底具有累积作用；如果来源停止提供 Cu，在整个水体中 Cu 就会消失得无影无踪。通过 Cu 的迁移过程，阐明了 Cu 的含量变化和分布的规律及原因。

因此，随着时间的变化，以上研究结果揭示了水体中 Cu 的迁移过程。

22.5 物质的迁移规律理论

22.5.1 物质含量的均匀性理论

空间尺度上，当没有 Cu 的输入时，在水体中就出现了 Cu 含量的分布是均匀的；当有 Cu 的输入时，在水体中就出现了 Cu 含量的分布是不均匀的。时间尺度上，最初，没有 Cu 的输入，在水体中就出现了 Cu 含量的分布是均匀的。接着，开始有 Cu 的输入，在水体中就出现了 Cu 含量的分布是不均匀的。然后，Cu 的输入停止了，在水体中就又出现了 Cu 的分布是均匀的。这展示了最初由 Cu 含量均匀分布转变为 Cu 含量不均匀分布的过程。接着，由 Cu 含量不均匀分布转变为 Cu 含量均匀分布。因此，随着时间的变化，水体中 Cu 含量由均匀到不均匀，再到均匀的变化过程。因此，作者提出了"物质在水体中的均匀性变化过程"。作者认为，在海洋中的潮汐、海流的作用下，海洋使一切物质都在水体中具有均匀性，并且使一切物质在水体中向均匀性的趋势进行扩散运动。

作者提出了物质含量在水体中的均匀性理论。

在任何一个水体中，当没有物质的输入时，水体中任何物质含量都是均匀的。当有物质的输入时，水体中任何物质含量都是不均匀的。

在一个水体中，在物质的输入增强时，物质含量在水体中就出现了从均匀的转变为不均匀的。物质的输入减少时，物质含量在水体中就出现了从不均匀的转变为均匀的。因此，在这个过程中，物质的输入量决定了物质含量在水体中的不均匀性，海水的潮汐和海流的作用决定了物质含量在水体中的均匀性。对此，在水体中物质含量从均匀的转变为不均匀的变化过程中，物质的输入量就是这个变化过程的动力；在水体中物质含量从不均匀的转变为均匀的变化过程中，海水的潮汐和海流就是这个变化过程的动力。

作者提出了物质含量在介质中的均匀性理论。

在地球上，无论介质是固体、液体还是气体，在介质中，如果没有来源提供物质，一切物质含量在介质中都是均匀的，在介质中保持这个均匀性的状态是由地球的运动提供动力。如果有来源提供物质，则该物质含量在介质中是不均匀的。

在介质中，物质的输入增强时，物质含量在介质中就从均匀的转变为不均匀的。物质的输入减少时，物质含量在介质中就从不均匀的转变为均匀的。因此，在这个过程中，物质的输入量决定了物质含量在介质中的不均匀性，地球的运动决定了物质含量在介质中的均匀性。而且，在介质中物质含量从均匀的转变为不均匀的变化过程中，物质的输入量就是这个变化过程的动力；在介质中物质含量从不均匀的转变为均匀的变化过程中，地球的运动就是这个变化过程的动力。

介质包含了固体、液体和气体。介质（固体、液体和气体）中能溶解、通过、传播其他物质。对于后者而言，前者称为后者的介质。例如，对盐、糖而言，水就是溶解它的介质，盐、糖称为物质。对声音，空气、固体就是传播它的介质，声音就称为物质。

因此，作者提出了物质含量在介质中处于三种状态：①一切物质含量在介质中处于均匀性的状态；②经过物质含量的输入量，在介质中物质含量从均匀的转变为不均匀的变化，这时，物质含量在介质中处于不均匀性的状态；③在地球的运动作用下，在介质中物质含量从不均匀的转变为均匀的变化，这时，物质含量在介质中处于均匀性的状态。随着时间的变化，物质含量在介质中的这三种状态在不断地循环中。

22.5.2　物质含量的环境动态理论

作者提出了物质含量的环境动态值的定义及结构模型，并且确定了该模型的各个变量：物质含量的基础本底值、物质含量的环境本底值、物质含量的输入值以及物质含量的环境动态值。于是，就可以确定物质含量在水域中的变化过程、变化区域及结构变量，为制定物质含量在水域中的标准以及划分物质含量在水域中的变化程度都提供了科学依据。

1982～1986 年，胶州湾水体中，胶州湾水域 Cu 含量有 5 个来源，主要是外海海流的输送（0.39～20.60μg/L）、河流的输送（0.37～10.57μg/L）、近岸岛尖端的输送（0.77～4.86μg/L）、地表径流的输送（2.28～3.56μg/L）和船舶码头的输送（9.48μg/L）。这5种途径给胶州湾整个水域带来了Cu含量，其Cu含量的变化范围为0.37～20.60μg/L。根据作者提出的物质含量的环境动态值的定义及结构模型，在胶州湾水域，确定Cu含量的基础本底值、Cu含量的环境本底值以及Cu含量的输入值，这样，构成了Cu含量在胶州湾水域的环境动态值。这样，就确定了胶州湾水域Cu含量变化过程及变化趋势。因此，根据作者提出的物质含量的环境动态值的定义及结构模型，就可以制定物质含量在水域中的标准以及划分物质含量在水域中的变化程度。

22.5.3　物质含量的水平损失量理论

作者提出了物质含量的水平损失速度模型，以及物质含量的水平绝对损失速度和物质含量的水平相对损失速度的定义和计算。该模型揭示了物质含量在水平面上的迁移过程中的单位距离的损失量。物质含量的水平绝对损失速度表明单位距离的绝对损失量，物质含量的水平相对损失速度表明单位距离的相对损失量。由此，作者提出的物质水平损失量的规律：对于同一种物质和同一种水体，这个单位距离的相对损失量是稳定的、恒定的，那么物质含量的水平相对损失速度对于同一物质和水体是相同的、相近的。

作者提出的物质水平损失量的规律：根据物质含量的水平绝对损失速度模型，计算得到，在单位距离时，来源输送的物质含量越高，水平绝对损失速度值就越高；来源输送的物质含量越低，水平绝对损失速度值就越低。来源输送物质的单位含量时，外海海流输送的距离越长，水平绝对损失速度值就越低；外海海流输送的距离越短，水平绝对损失速度值就越高。因此，来源输送的物质含量变化和外海海流输送的距离变化就决定了水体中物质含量的水平绝对损失速度的变化。

在胶州湾的湾内水域，6月，外海海流的Cu含量比较高（5.31μg/L），外海海流输送的路径是湾内东北部的近岸水域，选择两个点的距离比较长，为13 396.18m，Cu含量的水平绝对损失速度值为杨东方数30.90。7月，外海海流输送的Cu含量比较低（2.33μg/L），外海海流输送的路径是湾内西南部的近岸水域，选择两个点的距离比较短，为13 138.04m，Cu含量的水平绝对损失速度值为杨东方数16.59。

这表明6月和7月，外海海流输送的距离比较接近。当来源输送的物质含量比较高时，Cu含量的水平绝对损失速度值就比较高；来源输送的物质含量比较低时，Cu含量的水平绝对损失速度值就比较低。

作者提出的物质水平损失量的规律：根据物质含量的水平相对损失速度模型，

计算得到，在单位距离时，来源输送的物质含量越高，水平相对损失速度值就越低。来源输送的物质含量越低，水平相对损失速度值就越高。来源输送物质的单位含量时，外海海流输送的距离越长，水平相对损失速度值就越低；外海海流输送的距离越短，水平相对损失速度值就越高。因此，来源输送的物质含量变化和外海海流输送的距离变化就决定了水体中物质含量的水平相对损失速度的变化。

根据物质含量的水平相对损失速度模型，计算得到，在胶州湾的湾内水域，6 月，外海海流的 Cu 含量比较高（5.31μg/L），外海海流输送的路径是湾内东北部的近岸水域，选择两个点的距离比较长，为 13 396.18m，Cu 含量的水平相对损失速度值为杨东方数 5.82。7 月，外海海流输送的 Cu 含量比较低（2.33μg/L），外海海流输送的路径是湾内西南部的近岸水域，选择两个点的距离比较短，为 13 138.04m，Cu 含量的水平相对损失速度值为杨东方数 7.12。

这表明 6 月和 7 月，外海海流输送的距离比较接近。来源输送的物质含量比较高时，Cu 含量的水平相对损失速度值就比较低；来源输送的物质含量比较低时，Cu 含量的水平相对损失速度值就比较高。

根据物质含量的水平损失速度模型，通过水体两点的物质含量，就可以计算得到水体中任何一点的物质含量。在胶州湾的湾内水域，以来源输送的物质不同含量，根据物质含量的水平损失速度模型，来确定物质含量的水平绝对损失速度和水平相对损失速度。这样，来源输送的物质不同含量就可以决定水体中不同含量模式。因此，根据作者提出的物质水平损失量的规律和物质含量的水平损失速度模型，就可以计算物质含量在水域中的值以及阐明该物质含量在水域中的变化过程。

22.5.4　物质含量从来源到水域的迁移理论

作者提出了物质含量从来源到水域的迁移理论，在胶州湾水体中物质含量的变化过程，是由陆地迁移过程、海洋迁移过程所决定的。并且通过作者提出的各种模型框图，展示了物质含量的陆地迁移过程和海洋迁移过程，确定了物质含量经过的路径和留下的轨迹。通过作者提出的物质含量从来源到水域的迁移理论，在胶州湾水体中物质含量的大小都是依赖输送物质含量来源的多少以及物质含量来源的输入量大小来决定的。

根据 1982～1986 年的胶州湾水域调查资料，物质含量从来源到水域的迁移理论揭示了在 Cu 含量方面，从水体的重度污染转变为非常清洁，从人类活动输送 Cu 转变为自然界输送。随着时间的变化，环境领域 Cu 含量在不断减少。人类活动所产生的 Cu 对环境的影响越来越小，而且对环境影响的输送途径也在减少。

在胶州湾水体中 Cu 含量的季节变化，是由陆地迁移过程和海洋迁移过程所决定的。陆地的 Cu 含量和海洋的 Cu 含量是由自然界的存在量和人类活动的排放量来决定的。

1982～1986 年，在胶州湾水体中，胶州湾水域 Cu 有 5 个来源，主要是外海海流的输送（0.39～20.60μg/L）、河流的输送（0.37～10.57μg/L）、近岸岛尖端的输送（0.77～4.86μg/L）、地表径流的输送（2.28～3.56μg/L）和船舶码头的输送（9.48μg/L）。这 5 种途径给胶州湾整个水域带来了 Cu，其 Cu 含量的变化范围为（0.37～20.60μg/L）。

物质含量从来源到水域的迁移理论展示了，在一个水体中，通过这个水体的物质含量的大小和水平分布，确定了这个水体的物质含量的来源以及各个来源的物质输入量。这样，就可以得到这个水体的物质含量的变化过程。因此，根据作者提出的物质含量从来源到水域的迁移理论，就可以得到物质含量在水域中的变化过程以及该物质含量在水域中的变化原因。

22.5.5　物质含量的水域沉降迁移理论

通过胶州湾水域物质含量的底层含量变化和底层分布变化，作者提出了物质含量的水域沉降迁移理论，该理论包括了物质含量的水平水体效应、垂直水体效应及水体效应的理论。物质含量经过重力沉降、生物沉降、化学作用等迅速由水相转入固相，最终转入沉积物中。从春季 5 月开始，海洋生物大量繁殖，数量迅速增加，到夏季的 8 月，形成了高峰值，且由于浮游生物的繁殖活动，悬浮颗粒物表面形成胶体，此时的吸附力最强，吸附了大量的物质含量，大量的物质含量随着悬浮颗粒物迅速沉降到海底。这样，在春季、夏季和秋季，物质含量输入到海洋，颗粒物质和生物体将物质含量从表层带到底层。于是，物质含量经过了水平水体的效应作用、垂直水体的效应作用及水体的效应作用，展示了物质含量在胶州湾底层水域的高含量区。

应用作者提出的物质含量的水域沉降迁移理论，研究得到：1982～1985 年，向胶州湾输送 Cu 的各种来源展示了 Cu 在迅速沉降，在底层具有累积的过程。并且决定了 Cu 的高沉降区域。通过 Cu 的水域沉降迁移过程，揭示了 Cu 具有迅速沉降的特点，而且沉降量的多少与含量的高低相一致；Cu 经过不断沉降，在海底具有累积作用；如果来源停止提供 Cu，在整个水体中 Cu 就会消失得无影无踪了。通过 Cu 的水域沉降迁移过程，阐明了 Cu 含量的变化和分布的规律及原因。

22.5.6　物质含量的水域迁移趋势理论

1982～1985 年，通过物质含量的表层水平分布趋势与底层水平分布趋势，作者提出了物质含量的水域迁移趋势机制：在水体中，物质含量有输送来源。沿着物质含量输送来源的方向，表层物质含量沿梯度降低，底层物质含量沿梯度也在降低。在此过程中，物质含量具有迅速沉降，并且具有海底的累积。物质含量输送来源的方向决定了表层、底层物质含量的水平分布趋势。输送来源的物质含量确定了物质含量的高沉降地方。

作者提出了物质含量的高沉降地方模型：假设 n 个物质含量输送来源分别为点 A、B、C、…、N。将点 A、B、C、…、N 中两两连接起来，相邻两点都成为连线，形成一个多边形 ABC…N。在这个多边形 ABC…N 中，分别以点 A、B、C、…、N 为多边形的 n 个顶点。假设点 O 到这三个顶点的距离最短，根据多边形的重心定理，重心到多边形 n 个顶点距离的平方和最小，那么，重心到多边形 n 个顶点距离也是最小的，点 O 就是这个多边形的重心。点 A、B、C、…、N 分别是 n 个物质含量的输送来源，这时，点 A、B、C、…、N 分别是 n 个输送来源的物质含量最高值。点 O 到 n 个点 A、B、C、…、N 的距离最短，也就是从这 n 个点 A、B、C、…、N 的物质含量在点 O 处下降得最少。换句话，n 个物质含量输送来源点 A、B、C、…、N 分别在输送的物质，在点 O 处的叠加达到最高值。于是，在点 D 处造成底层的物质含量升高，形成了物质含量的高沉降。那么，在点 O 处就是，通过这 n 个物质含量输送来源，输送的物质含量的高沉降地方。这就是物质含量的高沉降地方模型。

在一个水体中，有一个、两个、三个和 n 个的物质含量输送来源。根据作者提出的物质含量水域迁移趋势机制，应用数学计算，建立了物质含量的高沉降地方模型。通过该模型，确定了水体中物质含量的高沉降地方。并且提出的该模型的模型框图展示了：借助于有 n 个物质含量输送来源，确定输送的物质含量的高沉降地方。

1982～1985 年，通过物质含量的表层水平分布趋势与底层水平分布趋势，作者提出了物质含量的水域迁移趋势机制，充分表明了时空变化的物质含量迁移趋势。强有力地确定了在时间和空间的变化过程中，表层的物质含量变化趋势、底层的物质含量变化趋势及物质含量高沉降地方。并且作者建立了物质含量的高沉降地方模型，借助于有 n 个物质含量输送来源，确定输送的物质含量的高沉降地方。同时提出了物质含量的高沉降地方模型框图，说明了物质含量经过的路径和留下的轨迹，预测了表层、底层的物质含量水平分布趋势。

22.5.7 物质含量的水域垂直迁移理论

根据在胶州湾水域表层、底层物质含量的变化及其物质含量的垂直分布，作者提出了物质含量的水域垂直迁移理论。

作者提出了水域的物质垂直含量差模型、水域的物质沉降量模型和水域的物质累积量模型，展示了物质在水域的垂直含量差、沉降量和累积量的概念及计算公式，定量化地揭示了物质含量在表层、底层的水平变化和表层、底层的垂直变化以及变化过程。

该理论以作者提出的物质含量的垂直迁移模型为核心，包括了绝对沉降量、相对沉降量和绝对累积量、相对累积量，定量化地展示了物质含量的水域垂直迁移过程，揭示了随着时间的变化，物质含量的相对沉降量和相对累积量都是非常稳定的、非常高的。物质含量的相对沉降量揭示了物质含量的沉降是迅速的、彻底的，具有易沉降的特征。物质含量的相对累积量揭示了物质含量的积累是稳定的、完整的，具有易累积和易沉积的特征。由此确定了物质含量在表底层的变化是由来源输送的物质含量高低和经过迁移距离的远近所决定的，表明了物质含量的水域迁移过程中出现的 4 个阶段和 7 种状态。

物质含量在水域的迁移过程中一直在发生变化。根据作者提出的物质含量的水域垂直迁移理论，定量化地描述了物质含量在表层、底层的水平变化和表层、底层的垂直变化。

因此，通过水域的物质垂直含量差模型、水域的物质沉降量模型和水域的物质累积量模型，计算得到，1982～1985 年，胶州湾水体中，表层、底层 Cu 含量的低值变化范围的差为 0.00～0.46μg/L，表层、底层 Cu 含量的高值变化范围的差为 –0.97～16.65μg/L，表层、底层 Cu 含量的变化范围的差为 –0.97～16.65μg/L，正值不超过 16.65μg/L，负值不超过 0.97μg/L。这表明 Cu 的表层、底层变化量基本一样。而且 Cu 的表层含量高的，对应其底层含量就高；同样，Cu 的表层含量比较低时，对应的底层含量就低。这展示了 Cu 沉降是迅速的，而且沉降是大量的，沉降量与含量的高低相一致。通过该模型进一步计算得到，Cu 的绝对沉降量为 0.29～19.83μg/L，Cu 的相对沉降量为 74.3%～96.2%；Cu 的绝对累积量为 0.32～3.71μg/L，Cu 的相对累积量为 76.1%～95.6%。随着时间变化，Cu 的相对沉降量和相对累积量都是非常稳定的、非常高的。Cu 的相对沉降量揭示了 Cu 的沉降是迅速的、彻底的，具有易沉降的特征。Cu 的相对累积量揭示了 Cu 的积累是稳定的、完整的，具有易累积和易沉积的特征。

由此阐明了物质含量的水域垂直迁移过程的主要特征：Cu 具有迅速的沉降，而且沉降量的多少与含量的高低相一致；Cu 经过了不断地沉降，在海底具有累积作用；如果来源停止提供 Cu，在整个水体中 Cu 就会消失得无影无踪了。

22.6　结　论

根据 1982～1986 年的胶州湾水域调查资料，在空间尺度上，通过每年 Cu 含量的数据分析，从含量大小、水平分布、垂直分布、季节分布、区域分布、结构分布和趋势分布的角度，研究 Cu 含量在胶州湾海域的来源、水质、分布以及迁移状况，得到了许多迁移规律的结果。

根据 1982～1986 年的胶州湾水域调查资料，在时间尺度上，通过 1982～1986 年 5 年 Cu 含量数据探讨，研究 Cu 含量在胶州湾水域的变化过程，得到了以下研究结果：①含量的年份变化；②污染源变化过程；③从来源到水域的迁移过程；④沉降过程；⑤水域迁移趋势过程；⑥水域垂直迁移过程。展示了随着时间变化，Cu 含量在胶州湾水域的动态迁移过程和变化趋势。

根据 1982～1986 年的胶州湾水域调查资料，作者建立了物质迁移模型。①物质含量的环境动态值的定义及结构模型，并且确定了该模型的各个变量：物质含量的基础本底值、物质含量的环境本底值、物质含量的输入值以及物质含量的环境动态值。②物质含量的水平损失速度模型，以及物质含量的水平绝对损失速度和物质含量的水平相对损失速度的定义和计算。③物质含量的高沉降地方模型，并且提出的该模型的模型框图展示了：借助于有 n 个物质含量输送来源，确定输送的物质含量的高沉降地方。④水域的物质垂直含量差模型、水域的物质沉降量模型和水域的物质累积量模型，展示了物质在水域的垂直含量差、沉降量和累积量的概念及计算公式，定量化地揭示了物质含量在表层、底层的水平变化和表层、底层的垂直变化以及变化过程。

根据 1982～1986 年的胶州湾水域调查资料，通过物质六六六（HCH）、石油（PHC）、汞（Hg）、铅（Pb）、铬（Cr）、镉（Cd）、铜（Cu）在水体中的迁移过程的研究，作者提出了物质理论：①物质含量的均匀性理论；②物质含量的环境动态理论；③物质含量的水平损失量理论；④物质含量从来源到水域的迁移理论；⑤物质含量的水域沉降迁移理论；⑥物质含量的水域迁移趋势理论；⑦物质含量的水域垂直迁移理论。展示了物质在水体中的动态迁移过程所形成的理论。

这些规律、过程、模型和理论不仅为研究 Cu 在水体中的迁移提供结实的理论依据，也为其他物质在水体中的迁移研究给予启迪。

自然界中的 Cu，多数以化合物，即铜矿石存在，铜矿有三种形式：自然铜、硫化矿、氧化矿，是存在于地壳和海洋中的金属。这样，经过风的侵蚀和水的冲刷，将铜带到海洋的水体中。

Cu 及其化合物在环境中所造成的污染，主要污染来源是铜锌矿的开采和冶炼、金属加工、机械制造、钢铁生产等。冶炼排放的烟尘是大气铜污染的主要来源。电镀工业和金属加工排放的废水中含铜量较高。这样，经过地表径流和河流的输送，将铜带到海洋的水体中。

因此，在胶州湾水体中 Cu 含量的变化过程，是由 Cu 的陆地迁移和海洋迁移过程来决定的。

如果有 Cu 污染了环境和生物。一方面，Cu 污染了生物，在一切生物体内累积，而且，通过食物链的传递，进行富集放大，最后连人类自身都受到 Cu 毒性的危害。另一方面，Cu 污染了环境，经过陆地迁移和海洋迁移，最后污染了人类生活的环境，危害了人类的健康。因此，人类不能为了自己的利益，不要既危害了地球上的其他生命，反过来又危害到自身的生命。人类要顺应大自然规律，才能够健康可持续的生活。

参 考 文 献

[1] 杨东方, 苗振清. 海湾生态学(上册). 北京: 海洋出版社, 2010: 1-320.

[2] 杨东方, 高振会. 海湾生态学(下册). 北京: 海洋出版社, 2010: 1-330.

[3] Yang D F, Miao Z Q, Song W P, et al. Research on the sources of Cu in Jiaozhou Bay. Advanced Materials Research, 2015, 1092-1093: 1013-1016.

[4] Yang D F, Miao Z Q, Cui W L, et al. Input and transfer processes of Cu in bay waters. Advances in Intelligent Systems Research, 2015: 17-20.

[5] Yang D F, Wang F Y, Zhu S X, et al. A research on the vertical transfer process of Cu in Jiaozhou Bay. Advances in Engineering Research, 2015, 31: 1284-1287.

[6] Yang D F, Zhu S X, Wu Y J, et al. Aggregation, divergence and homogeneity of Cu in Marine bay bottom waters. Advances in Engineering Research, 2015, 31: 1288-1291.

[7] Yang D F, Wang F Y, Zhu S X, et al. Environmental conditions of Jiaozhou Bay in 1980. Materials Engineering and Information Technology Apllication, 2015: 554-557.

[8] Yang D F, Zhu S X, Xiaoli Zhao, et al. Environmental conditions of Jiaozhou Bay, 1981. Advances in Engineering Research, 2015, 40: 770-775.

[9] Yang D F, Zhu S X, Fengyou Wang, et al. The impact of marine current to Cu contents in Jiaozhou Bay. Advances in Computer Science Research, 2015: 1765-1769.

[10] Yang D F, Zhu S X, Wang F Y, et al. The good water quality on Cu in Jiaozhou Bay waters. Advances in Engineering Research, 2016, 60: 408-411.

[11] Yang D F, Zhu S X, Wang M, et al. Different sources and high sedimentation rate regions of Cu in Jiaozhou Bay. Advances in Engineering Research, 2016, 67: 1311-1314.

[12] Yang D F, Yang D F, Wang M, et al. Sedimentation process and high sedimentation rate position of Cu in Jiaozhou Bay. Advances in Engineering Research, 2016, Part G: 1917-1920.

[13] Yang D F, Yang D F, He H Z, et al. Background level of Cu in Jiaozhou Bay and open sea . Advances in Engineering Research, 2016, 84: 852-856.

[14] Yang D F, He H Z, Wang F Y, et al. High Cu sedimentation locations in Jiaozhou Bay . Advances in Materials Science, Energy Technology and Environmental Engineering, 2017: 291-294.

[15] Yang D F, Zhu S X, Danfeng Yang, et al. Vertical distribution of Cu in waters in the bay mouth of Jiaozhou Bay. Computer Life, 2016, 4(6): 579-584.

[16] Yang D F, Yang D F, Tao X Z, et al. Natural background value of Cu in Jiaozhou Bay . World Scientific Research Journal, 2016, 2(2): 69-73.

[17] Yang D F, Chen Y, Gao Z H, et al. Silicon limitation on primary production and its destiny in Jiaozhou Bay, China Ⅳ transect offshore the coast with estuaries . Chin J Oceanol Limnol, 2005, 23(1): 72-90.

[18] 杨东方, 王凡, 高振会, 等. 胶州湾浮游藻类生态现象. 海洋科学, 2004, 28(6): 71-74.

[19] 国家海洋局. 海洋监测规范. 北京: 海洋出版社, 1991.

致　　谢

细大尽力，莫敢怠荒，远迩辟隐，专务肃庄，端直敦忠，事业有常。

——《史记·秦始皇本纪》

　　此书得以完成，应该感谢北海监测中心主任姜锡仁研究员及北海监测中心的全体同仁；感谢国家海洋局第一海洋研究所的副所长高振会教授；感谢上海海洋大学的副校长李家乐教授；感谢浙江海洋大学校长吴常文教授、感谢贵州民族大学的书记张学立教授和校长陶文亮教授、感谢西京学院校长任芳教授。是诸位给予的大力支持，并提供良好的研究环境，成为我的科研事业发展的动力引擎。

　　在此书付梓之际，我诚挚感谢给予许多热心指点和有益传授的高振会教授和苗振清教授，使我开阔了视野和思路，在此表示深深的谢意和祝福。

　　许多同学和同事在我的研究工作中给予了许多很好的建议和有益帮助。在此表示衷心的感谢和祝福。

　　《海岸工程》编辑部：吴永森教授、杜素兰教授、孙亚涛老师；《海洋科学》编辑部：张培新教授、梁德海教授、刘珊珊教授、谭雪静老师；*Meterological and Environmental Research* 编辑部：宋平老师、杨莹莹老师、李洪老师。在我的研究工作和论文撰写过程中都给予许多的指导，并做了精心的修改，此书才得以问世，在此表示衷心的感谢和深深的祝福。

　　今天，我所完成的研究工作，也是以上提及的诸位共同努力的结果，我们心中感激大家，敬重大家，愿善良、博爱、自由和平等恩泽给每个人。愿国家富强、民族昌盛、国民幸福、社会繁荣。谨借此书面世之机，向所有培养、关心、理解、帮助和支持我的人们表示深深的谢意和衷心的祝福。

　　沧海桑田，日月穿梭。抬眼望，千里尽收，祖国在心间。

杨东方

2017 年 5 月 8 日